不同干旱类型演进过程研究

吕爱锋 著

黄河水利出版社

· 郑 州 ·

内 容 提 要

干旱灾害已成为影响人口最多、造成损失最严重的自然灾害之一。准确监测干旱事件的开始、强度和范围,是科学管理干旱风险、减轻干旱影响的重要前提,本书以青海省为研究区,在综述干旱监测和不同类型干旱演进研究进展的基础上,分析了青海省干旱特征,并以巴音河和香日德河为典型区,研究了气象干旱、农业干旱和水文干旱的集成监测方法及不同类型干旱之间时间演进关系。该成果将为提高区域干旱监测、预测与管理能力提供科学依据及典范。

图书在版编目(CIP)数据

不同干旱类型演进过程研究/吕爱锋著. —郑州:
黄河水利出版社,2022.3
ISBN 978-7-5509-3248-7

Ⅰ.①不… Ⅱ.①吕… Ⅲ.①旱灾-灾害防治-研究
-中国 Ⅳ.①P426.616

中国版本图书馆 CIP 数据核字(2022)第 045551 号

出 版 社:黄河水利出版社　　　　　　　　　　　网址:www.yrcp.com
　　　　　地址:河南省郑州市顺河路黄委会综合楼 14 层 邮政编码:450003
发行单位:黄河水利出版社
　　　　　发行部电话:0371-66026940、66020550、66028024、66022620(传真)
　　　　　E-mail:hhslcbs@126.com
承印单位:广东虎彩云印刷有限公司
开本:787 mm×1 092 mm 1/16
印张:7.5
字数:131 千字　　　　　　　　　　　　　　印数:1—1 000
版次:2022 年 3 月第 1 版　　　　　　　　　印次:2022 年 3 月第 1 次印刷

定价:60.00 元

前　言

　　干旱是长时间降水偏少造成的一种极端现象(Mishra 等,2010)。干旱的发生会带来严重的经济和环境影响(武建军等,2011;Wilhite,2000),例如粮食减产、城市缺水、湖泊水位下降、水质变坏、土地退化和荒漠化、植被退化以及森林火灾等。干旱灾害已成为影响人口最多、造成损失最严重的自然灾害之一(王文等,2010;Hagman 等,1984;Wilhite,2000;胡彩虹等,2013)。干旱具有明显的缓发性特点(胡彩虹等,2013;Tallaksen 等,2004),人们往往在干旱产生可感知的后果后(比如土壤湿度下降、作物干枯、河流流量减少等)才意识到干旱的发生,而此时损失已经产生,错过了最佳的救灾时间。如何准确监测干旱事件的开始时间、强度和范围,是科学管理干旱风险、减轻干旱影响的重要前提,同时也是科研和管理部门共同面临的难题。

　　作为一种复杂的灾害,干旱的定义随着人们对其认识的深入而不断发生着变化。目前,已有超过 150 种对干旱的定义,至今仍无法完全统一(胡彩虹等,2013;Gibbs,1975;Wilhite 等,1985;Wilhite 等,1987)。学术界按照干旱的表现形式及其造成的影响将干旱分为四种类型:①降水减少、气温升高导致的气象干旱;②植物可用水量减少导致的农业干旱;③一段时间内地表水、地下水减少导致的水文干旱;④社会经济需水供给不足导致的社会经济干旱(裴源生等,2013;Wilhite 等,1985;陈方藻等,2011)。四者之间存在着紧密的物理联系,是降水减少在水文循环过程中传播而依次出现的不同承灾体供水不足的现象。持续的降水减少、气温升高(气象干旱)会引起土壤水分补给减少和蒸散发量增加。降水和土壤湿度的持续降低会导致作物水分胁迫增加(农业干旱),从而导致生物量和产量下降。而降水和土壤湿度的进一步持续减少会引起径流减少、地下水位下降、水库蓄水量减少(水文干旱),从而引起社会经济系统供水的不足(社会经济干旱)(Mishra 等,2010)。从上述分析来看,四种干旱类型存在时间上的递进关系,这种递进关系的识别,使得我们可以利用对气象干旱的监测来实现对农业干旱、水文干旱的预测和预警。从生态水文的角度来看,四种干旱的演进过程主要通过植被、土壤两个界面过程进行,而植被、土壤具有很强的空间变异特征。因此,干旱类型之间的演进在空间上是有差异的。由此,通过识别这种差异对干旱演进过程的影响,将有利于指导我们进行干旱的系统管理和区域干旱适应。

作　者

2021 年 12 月

目　录

第1章 干旱与干旱的监测

1.1 干旱的定义和分类

干旱是世界上影响面最广、造成农业损失最大的自然灾害之一。其具有发展缓慢、持续时间长、影响范围广等特点(张强等,2011)。干旱最直接的后果是导致农业减产、食物短缺,而且干旱持续累积会使土地资源退化、水资源耗竭、生态环境受到破坏,制约可持续发展(张乐园等,2020;张世虎等,2015)。干旱作为一种潜在的自然现象,发生过程十分复杂,通常表现为一种缓慢的自然灾害。尽管目前关于干旱问题已有大量的研究成果,但是由于干旱并非明确事件,难以准确识别其开始时间和结束时间,且影响因素复杂,而且各行业研究目的不同,目前还没有一个干旱定义可以被普遍接受(耿鸿江,1993;汪洋等,2020;张景书,1993)。

1.1.1 干旱的定义

干旱是一种复杂的自然现象,影响因子众多,由于不同研究者所关注的角度不同,导致干旱的定义多种多样。气象学上,往往把降水的多年平均状况视为正常现象,超过平均值就称其为涝,低于平均值就称其为旱。Palmer认为干旱是"一个持续的、异常的水分缺乏"。农业生产中,干旱是指在作物生长期内由于降水少、河流及其他水资源短缺,土壤含水率低,农作物供水量少于其需水量,影响正常生长(Palmer等,1984)。张景书则认为干旱是"在一定时期内降水量显著减少,引起土壤水分亏缺,从而不能满足农作物正常生长所需水分的一种气候现象"。水利上,把河流的多年平均来水量作为正常值,超过平均来水量就称该年为丰水年(一般为涝年),低于平均来水量就称该年为枯水年(一般为旱年)(张景书,1993)。此外,许多学者将干旱描述成一段时间内降水的异常短缺,无法满足需求,从而产生一定的经济影响、社会影响、环境影响(Zargar等,2011)。国际气象界一般将干旱定义为"长时期缺乏降水或降水明显短缺"或"降水短缺导致某方面的活动缺水"。我国国家气象局认为干旱是指因水分的收与支或供与求不平衡而形成的持续的水分短缺现象。《中华人民共和国抗旱条例》将干旱灾害定义为由于降水减少、水利工程供水不足引起的用水短缺,并对生活、生产、生态造成危害的事件。世界气象组织(WMO)认为干旱是一种因长期无雨或少雨而导致的土壤和空气的干燥现象(1986);我国行业干旱评估标准定义干旱为:因供水量不足,导致工农业生产和城乡居民生活受到影响,生态环境受到破坏的自然现象。联合国粮食及农业组织(FAD)认为干旱是因为水分减少而造成的农作物减产现象;天气与气候百科全书认为干旱是指某地区在一段时期内(季、年或连续数年)降水量相对于多年平均而偏少的现象。由此可见,对干旱的定义,虽然各行业、各部门甚至各地区都有所偏重,研究角度也各不相同,但各个定义所阐述的本质是相同的,即降水少是引起干旱的主要原因,论述的是降水量、来水量多寡的自然现象,而未涉及各种生物和作物的实际需水量。随着干旱研究的不断深入以及借鉴国外干旱的研究成果,目前对于干旱的定义,已经从单一的阐述自然现象转变为全面考虑自然与人类活动的关系(马苗苗等,2021;汪洋雷等,2020)。

准确把握干旱的概念,需要明确干旱(drought)、水资源短缺(water scarcity)、热浪(heat wave)和干燥(aridity)之间的区别。干旱是一种自然现象,它是由降水减少或气温升高、风速增大导致蒸散发增强等自然因素导致的。水资源短缺是指由不合理利用水资源(例如,超采地下水、不合理的调水工程等)、人口增加过快、社会经济发展迅速,以及水污染等造成的水资源短缺现象。虽然热浪也是一种气温高,降水少的异常气象现象,但是热浪的持续时间尺度往往比较短,一般仅几个小时到一天,而干旱的持续时间则是从几天到几个月,甚至几年。热浪经常会在干旱期间发生,但是热浪出现不一定都会产生干旱。干燥描述的是某一地区长期处于降水少,蒸散发能力强的气候状态,而干旱则是一段时间内水分较多年平均状况偏少的异常现象。干旱可以发生在干燥的地区(例如,我国新疆),也可以发生在湿润地区(例如,我国东南地区)。另外,还有必要区分干旱、旱情和旱灾等概念之间的差别。干旱是一种自然现象,旱灾则是由干旱的危险性和人类社会经济的暴露性、脆弱性和抗旱能力共同决定的。干旱是整个旱灾致灾系统的输入,旱情是对干旱发展程度的评价,旱灾则是干旱作用于人类社会经济系统后所造成的后果。干旱灾害则是指给农业或经济社会造成了损失或有较大影响的程度偏重的干旱。当涉及干旱问题时,水是不可避免需要着重考虑的因素。干旱和干旱灾害的最大差别实质上也就是水的亏缺程度的差异,当水分短缺的程度还未影响到正常的生产、生活需求,且水的供应能够在短时间内恢复时,这种程度的水的亏缺可以称为干旱;当水的短缺十分严重,已经无法满足正常的生产、生活需求时,且在相当长一段时间无法恢复水的供应时,就是发生了干旱灾害。

1.1.2　干旱的分类

干旱视其程度,可由轻到重划分为轻旱、中旱、重旱以及极端干旱。由于干旱涉及的时空分布多样、范围广泛,使得单一的干旱定义很难满足各行业、各部门的需求。美国气象学会在总结各种干旱定义的基础上,将干旱分成气象干旱(Meteorological Drought)、农业干旱(Agricultural Drought)、水文干旱(Hydrological Drought)、社会经济干旱(Socio-economic Drought)。当一个区域长期干旱少雨又缺少灌溉水源时,生态系统生产者会呈现出生长不良和枯萎等旱象,即引发生态干旱(Mishraand Singh,2010;Shao 等,2018)。

1.1.2.1　气象干旱

气象干旱是由于某时段内蒸发量和降水量的收支不平衡(水分蒸发大于水分收入)而造成的异常水分短缺现象。气象干旱的表征包括降水量低于某个数值的日数、连续无雨日数、降水量距平的异常偏少及其各种大气参数的组合等(Cancelliere 等,2007)。气象干旱是农业干旱和水文干旱的诱因。气象干旱是大气环流异常的结果。气象干旱发生后,降水偏少和气温偏高导致土壤水消耗增加,出现土壤水干旱。随着降水的持续偏少以及土壤水的持续消耗,河川径流减少、湖泊水位下降,出现径流干旱。若干旱进一步持续,会导致地下水位下降,出现地下水干旱。

1.1.2.2　农业干旱

农业干旱是指作物生长关键时期因外界环境因素而土壤水分持续不足,发生严重水分亏缺,使作物无法正常生长,导致减产或失收的农业气象灾害。农业干旱的影响因素较多,包括土壤状况、作物品种、大气和人类活动的影响等。从干旱成因看,农业干旱灾害主要受降水量等气象因素影响。但是由于在实际生产中,农业干旱与气象干旱并不完全一致,农业干旱在受到各种自然因素如土壤、降水、温度、地形等影响的同时也受到人为因素的影响,如作物布局、作物品种及生长状况、人类对水资源的利用等(Barua 等,2010)。

1.1.2.3　水文干旱

水文干旱是指由于降水长期短缺而造成某段时间内地表水、地下水收支不平衡出现水分短缺,使河流径流量、地表水、水库蓄水、湖水减少的一种水文现象,其主要特征是在特定面积、特定时段内可利用水量短缺(Lorenzo-Lacruz等,2010)。

1.1.2.4 社会经济干旱

社会经济干旱是指自然与人类社会经济系统中水资源供需不平衡造成的水分异常短缺现象(徐向阳,2006)。一般情况下,气象干旱的发生早于其他类型的干旱,发展和结束较为迅速,而农业干旱发生晚于气象干旱。当气象干旱结束后,水文干旱仍将持续较长的时间。

1.1.2.5 生态干旱

随着全球变化研究的深入,越来越多的研究开始关注干旱对生态系统的影响。生态干旱是指由于供水受限、蒸散发大致不变导致的地下水位下降、物种丰度下降、群落生物量下降以及湿地面积萎缩的旱象。生态干旱是各类干旱中最复杂的一个,涉及气象、水文、土壤、植被、地理和社会经济等各个方面的因素,气象干旱、水文干旱和社会经济干旱在一定程度上均可能引发生态干旱。生态干旱直接影响生态系统的功能和结构,严重时会对生态系统产生毁灭性的破坏。但目前生态系统干旱研究比较少(曹永强等,2021;汪洋等,2020)。

1.1.3 各类干旱的关系

几种类型干旱之间既有联系,也有区别。气象干旱是其他类型干旱发生发展的基础。由于农业干旱、水文干旱、社会经济干旱和生态干旱发生的同时受到地表水和地下水供应的影响,其频率显著小于气象干旱。当气象干旱持续一段时间,才有可能引发农业干旱、水文干旱,并随着干旱的逐渐演进,可能诱发社会经济干旱、生态干旱从而造成严重的后果。若长时间降水偏少后气象干旱发生,则农业干旱发生与否取决于气象干旱发生的时间、地点、灌溉条件及种植结构等条件。通常,在气象干旱发生几周后,土壤水分出现亏缺,农作物、草原和牧场才会表现出来一定的旱象。持续数月的气象干旱会导致江河径流、湖泊、水库以及地下水位下降,从而引发水文干旱。水文干旱是各种干旱类型的过渡表现形式,是气象干旱和农业干旱的延续,水文干旱的发生意味着水分亏缺已经十分严重。当水分短缺影响到人类生活或经济生产需水时,就发生了社会经济干旱。而且一旦发生了严重的水文干旱,必然引发社会经济干旱或生态干旱。水文干旱的压力累积到一定程度必然转移干旱的风险,作用于社会经济和生态系统承灾体。而且地表水与地下水系统水资源供应量受其管理方式的影响,使得降水不足与主要干旱类型的直接联系降低。同样,滞后若干时间后水文干旱的发生也存在一定的不确定性;农业干旱发生时气象干旱和水文干旱未必一定发生,但是发生了农业干旱则一定会发生社会经济干旱,生态干旱在一定程度也会诱发。由于农业生态系统是人工化的生态系统,因此农业干旱在一定程度上也属于生态干旱的范畴。自然植被的干旱抵抗能力强于农业植被,但是发生严重干旱时,通过人类活动取水灌溉将有限的水资源应用于农业,会使自然植被生长受到影响,从而引发生态干旱(尤其在有灌溉条件的区域)。发生严重水文干旱时,社会经济干旱和生态干旱发生的风险增高。水文干旱是联系气象干旱、农业干旱、社会经济干旱和生态干旱的纽带。

气象干旱向农业干旱的演进动态主要由土壤属性、地形、植被覆盖与植被类型等影响因子限制;而气象干旱向水文干旱的演进过程则主要被土壤属性、流域地形、流域面积与形状特征、植被盖度、土地利用及水文地质等影响因子限制。因此,社会经济干旱、生态干旱与农业干旱存在着包含关系,而社会经济干旱与气象干旱、水文干旱并不存在包含关系。例如,在发生气象干旱后,假如能及时为农作物提供灌溉或采取其他农业措施保持土壤水分,满足作物需要,就不会形成农业干旱。但在灌溉设施不完备的地方,气象干旱是引发农业干旱的最重要因素。气象干旱、农业干旱、水文干旱及社会经济干旱都有可能直接引发生态干旱,造成草地枯黄、森林死亡。然而,随着社会经济的快速发展,人类需水量日益增加,高强度的取水可能会引发水文干旱。而且,在社会经济用水优先的管理模式下,当人类生活生产用水严重挤占生态用水时,会直接引发生态干旱。社会经济干旱发生时,不一定发生气象干旱、水文干旱,在工业用水优先的前提下必然发生农业干旱和生态干旱。生态干旱发生时,说明农业干旱、水文干旱和社会经济干旱必然发生,气象干旱有可能发生,也有可能不发生。

综上所述,不同类型干旱之间密切关联,其各自的发生时间、持续时间和发生强度等干旱特征在随着干旱持续发展的过程中都遵循一定的规律,因此开展不同时段的干旱发展特征科学监测有利于及时掌握干旱发展态势,对于区域干旱综合管理具有重要意义。

各类型干旱之间的关系见图1-1。

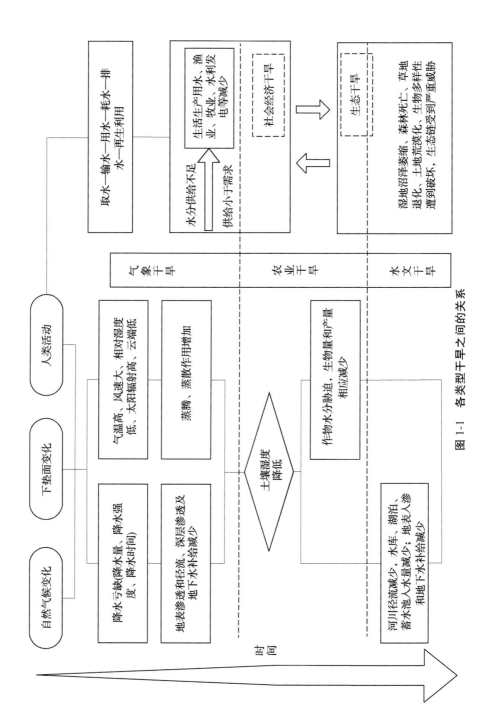

图 1-1 各类型干旱之间的关系

1.2 干旱的主要监测方法

1.2.1 基于站点观测数据的干旱监测

干旱监测最常见的方法是基于站点观测的降水、径流、温度等各类数据计算不同的干旱指标(或者划分不同干旱等级)来进行干旱监测,这是使用最广泛的干旱监测方法。此类监测提供了一种定量方法来确定干旱事件的发生和结束,并指示干旱严重程度。根据干旱指数可以评估干旱的开始时间、结束时间、严重程度等特征信息。气象干旱指数有标准化降水指数(SPI)(Mckee等,1993)、Palmer干旱指数(PDSI)(Palmer,1965)、标准化降水蒸散发指数(SPEI)(M等,2010)、综合气象干旱指数(MCI)(Wang等,2014)等。水文干旱指数有地表供水指数(SWSI)(Kwon等,2010)、径流量Z指数(Zrd)、标准化流量指数(SSI)(Vicente-Serrano等,2012)、水文干旱综合Z指数(DCZI)(王劲松等,2009)、径流干旱指数(SDI)和标准化径流指数(SRI)(Shukla等,2008)等。农业干旱指数有作物水分指数(CWI)(Palmer,2010)、干旱过程强度(DCI)、作物水分亏损指数(CWDI)(Moran等,1994)、作物水分胁迫指数(CWSI)(González-Dugo等,2006)、蒸散亏缺指数(ETDI)(Narasimhan等,2005)等。社会经济干旱指数有社会缺水指数(SWSI)(OhIsson,2000)、多变量标准化可靠度和弹性指数(MSRRI)(Mehran等,2015)、社会经济干旱指标(SEDI)(Shi等,2018)等。基于站点观测的干旱监测方法来源于实测数据,可以比较准确地表征站点周边的实际干旱状况,具有较高的准确度。但观测站点的密度是有限的,这种方法在缺乏观测站点或站点比较稀疏的地区,无法获取大范围的干旱状况,刻画干旱空间差异的能力较弱。

1.2.2 基于遥感数据的干旱监测

随着各类用途的卫星相继发射,大量的遥感数据也为开展干旱监测提供了丰富的数据支撑。基于遥感数据的干旱监测通常基于植被覆盖度和生态特征对干旱进行监测,从土壤质地、水分变化、植被变化等角度对干旱造成的影响进行分析(王雨晴等,2019),具有实时性、监测范围广、成本低以及准确性高的特点(陈国茜等,2018)。基于遥感数据的干旱指数有归一化植被指数(NDVI)(Silleos等,2006)、植被状态指数(VCI)(Kogan,1995a)、综合的微波遥感干旱指数（MIDI）（徐金鸿等，2006）、温度状态指数（TCI）（Kogan，1995b）等。遥感数据与地面观测数据相比，它的时间序列较短，难以在长时间尺度上分析干旱的时间变化特征，并且不同来源遥感数据时空尺度的不一致性限制了其综合应用。尽管目前已发展多种尺度转换技术进行数据同化，但多源遥感数据的综合应用仍未完全实现，微波遥感在研究干旱对地表植被影响方面的应用尤为缺乏，更多可表征干旱特征的地表参量应被挖掘，以提高遥感监测干旱的水平（江笑薇等，2019）。另外，遥感数据的不确定性也是阻碍其在干旱监测中进一步应用的关键原因，其他的一些因素如人为的干扰、洪涝以及病虫害都会对遥感数据产生影响，影响数据的准确性。

1.2.3 基于水文模型的干旱监测

尽管降水是干旱的主导因素，但其他因素如相对湿度、温度和风也是影响干旱发生的重要因素。因此，将降水和其他气候变量与水流、土壤湿度等水分信息相结合，对干旱的有效监测非常重要（张俊等，2011）。然而，将各类数据结合面临的最大挑战之一是数据不足，尤其是在数据稀缺的地区。为了克服这一缺点，基于水文模型的干旱监测逐渐受到重视。

流域水文模型是模拟流域降水径流形成过程的一种结构，由一组耦合函数关系及相应参数来构成的一种数学物理结构或概念性结构，它严格遵循流域水量平衡原理（芮孝芳，2004）。基于高精度的气象资料、径流过程、下垫面条件等因素，模型不仅能够模拟流域水文过程的各环节，全方位地分析流域各水文要素状态及变化过程，并且能够模拟和预测气候变化以及下垫面条件改变等情景下的流域水文响应特征，可更加有效地预报与监测水文干旱，在干旱研究中得到了广泛应用。BEVE 等（Deslauriers 等，2002）于 1979 年提出了一种半分布式水文模型 TOPMODEL 模型，利用地貌指数 $\ln(\alpha/\tan\beta)$ 来描述径流趋势和由于重力排水作用导致的径流沿坡向的运动，量化了水文变量的模拟，详细刻画了干旱过程。郭生练等（2000）于 2000 年提出了基于 DEM 分布式水文物理模型，模拟了整个径流的形成过程及机制，从干旱的内在形成机制过程进行研究。许继军等（2007）于 2007 年使用分布式水文模型 GBHM 及改进的 GBHM-PDSI 模型对流域降水径流的时空变化过程进行模拟，综合了气象、农业、水文等各方面影响对水文模型数据与干旱的关系进行量化识别。Mendicino 等（2008）基于水文模型参数提出了可反映区域干旱状况的地下水资源指数 GRI。吴志勇等（2012）采用 VIC 大尺度水文模型模拟了 30 km 网格尺度的逐日土壤含水量,建立了土壤含水量距平指数(SMAPI)的干旱监测技术。Cruise等(1999)应用SWAT模型研究了气候变化条件下美国东南部水质现状与未来水质的变化情况,研究显示,在未来的30~50年的时间里,径流会持续减少,从而加剧水质恶化。

水文模型是研究干旱传播特别是水文干旱对气象干旱响应时间的有效工具,但水文模型需要大量的驱动数据,而模型的输入数据、参数率定以及模型结构等均会导致模型结果的不确定性(宋晓猛等,2012)。理论上,分布式水文模型的参数可以通过实测或者其他方式直接获取。但在实际建模过程中,大量参数并不能由实测物理量确定,这就需要利用实测流量等数据率定网格或者子流域尺度上的有效参数值,由之得出合理的流域尺度上的模拟结果(张金存等,2007)。但是参数率定过程复杂,并且水文模拟和预测的参数估计都是点估计,结合拟合程度检验模型,并不能够降低不确定性的区间预测(沈冰等,2004)。尽管水文模型在反映真实流域的复杂性方面存在一定的局限性,但水文模型目前仍旧对综合各种资料进行干旱监测研究具有良好的可行性。表1-1总结了干旱监测方法及各类方法对应的指标模型。

表1-1　干旱监测方法及各类方法对应的指标模型

干旱监测	指标模型
站点观测数据	标准化降水指数(SPI)、Palmer干旱指数(PDSI)、标准化降水蒸散发指数(SPEI)、标准化径流指数(SRI)、径流干旱指数(SDI)、作物水分指数(CWI)、作物水分胁迫指数(CWSI)、社会缺水指数(SWSI)、社会经济干旱指标(SEDI)等
遥感数据	归一化植被指数(NDVI)、植被状态指数(VCI)、综合的微波遥感干旱指数(MIDI)、温度状态指数(TCI)等
水文模型	SWAT模型、TOPMODEL模型、VIC模型、GBHM模型、GBHM-PDSI模型等

1.3　干旱监测指标

　　干旱监测指标是刻画干旱程度、持续时间、空间范围的数值度量,表征某一地区干旱严重程度的变量或标准,用于对干旱造成的影响进行定量化评估,是开展干旱监测、预测、预警、评估和进一步开展旱灾研究的基础。通常利用干旱指数来定量表征干旱程度。建立和选择适用于特定区域的干旱指数是干旱监测和预测的基础(程亮等,2013;赵丽等,2012)。

　　一种干旱指标不能适用于所有地区、季节或多种类型的干旱。在过去十年中,学者们致力于利用水文、气候数据集和干旱指数集对干旱进行全面监测,开发了多种多元或复合干旱指数,并研究干旱指标的阈值,用于定义干旱的级别(如中度干旱或严重干旱),以便于分析干旱特征、应对干旱灾害,并采取相应的措施。

　　传统的干旱监测一般利用气象或水文观测站获得的水文气候变量(如降水量、气温、蒸发、径流或土壤湿度等)来衡量是否发生干旱,这属于区域尺度上的干旱特征分析。然而,干旱监测取得实质性进展主要依赖于各种数据集的开发与利用,包括遥感产品、陆面模式模拟结果和干旱影响调查数据。遥感提供了区域或全球范围内连续性较好的观测资料,特别是对没有站点或站点稀疏区域的干旱特征提供更多的信息(HuandFeng,2012;Liang 等,2014)。近40 年来,随着卫星遥感监测干旱技术的长足进步,已发展了多种干旱遥感监测模型,提出数十种遥感干旱指数,如归一化植被指数(normalized different vegetation index,NDVI),在干旱监测中均得到有效应用。

　　常用的干旱指数主要可以分为三类(Zargar,2011):①单因素指数,诸如历史干旱分级描述指标、土壤湿度干旱指数、降水距平、降水距平百分率等。这类指数的特点是以单个要素的值或其距平值的大小作为干旱的衡量标准。虽然简单易行,但是把复杂的干旱现象简单归结为一个因素的影响,不够全面也不够完善。②简单多因素综合指数,包括蒸发量/降水量、降水量-蒸发量、作物需水量/降水量、水分供求差(比)、降水量-作物需水量、土壤水分亏缺量等。这类指数一般考虑了两个或更多的因素,而且以各因素之间的差值、比值、百分值及组合值作为衡量标准。此类指标计算一般不困难,涉及的因素也是常规的或易于查找的。但是,这类干旱指数往往有自己明显的针对性和适用范围,因此普适性较差。③复杂综合指数,此类指数可进一步细分为两类单因子指数,这类指数大都认为降水是决定干旱状况最重要的因素,根据降水的特点及变化特征,经过复杂计算定义指数,如标准化降水指数、Z指数等,这类指数一般都包含两个以上的要素,包含水分平衡过程或热量平衡过程。在资料处理、计算程序上与前两类相比较为复杂。例如 Palmer 干旱指数(PDSI)、表层水供应指数等。其中,用于监测干旱的常用指标有 Palmer 干旱指数(PDSI)(Palmer 等,1965)、标准化降水指数(SPI)(McKee T B 等,1993;Vicente-Serrano 等,2010)、标准化降水蒸散发指数(SPEI)等。

1.3.1 Palmer 干旱指数(PDSI)

1965 年 Palmer 将前期降水、水分供给、水分需求结合在水文计算系统中,提出了基于水平衡的干旱指数 PDSI(the palmer drought severity index),它是干旱研究史上的里程碑,是目前国际上应用最为广泛的气象干旱指标。该指标不仅引入了水量平衡概念,考虑了降水、蒸散、径流、土壤含水量等条件,同时也涉及一系列农业干旱问题,具有较好的时间、空间可比性。PDSI 建立了一套完整的确定干旱持续时间的规则,能保证在以月为时间尺度上确定干旱的起始时刻和终止时刻。自建立之初 PDSI 就被广泛应用到各个领域用以评估和监测较长时期的干旱,同时也是衡量土壤水分和确定干旱始终时刻最有效的工具。PDSI 尽管被看成是气象干旱指标,但它考虑到了降水、蒸散发以及土壤水分等条件,所有这些都是农业干旱和水文干旱的决定因素,因此也可将 PDSI 作为农业干旱指标和水文干旱指标。

1.3.2 标准化降水指数(SPI)

McKee T B 等于 1993 提出的标准化降水指数 SPI(standardized precipitation index)是单纯依赖于降水量的干旱指数,是通过概率密度函数求解累积概率,再将累积概率标准化,得到广泛应用。SPI 是基于一定的时空尺度上降水量的短缺影响到土壤水、地表水、地下水、积雪和流量的变化而制定的。依据研究对象不同,可以选择不同的时间尺度计算,SPI 可以反映不同时间尺度的干旱。1~3 个月时间尺度的 SPI 用于监测短时期内水分变化;6~24 个月时间尺度的 SPI 用于监测长时期的水分动态,如地下水位、径流量变化等。由于计算简单,SPI 被应用到干旱研究的各个方向,包括干旱监测、干旱风险分析、干旱时空变化等但该指数只考虑了当时的降水量,而忽略了前期干旱持续时间对后期干旱程度的影响,所以在实际应用中还存在一定的局限性。

1.3.3　标准化降水蒸散发指数(SPEI)

在全球变暖的气候背景下,气温的持续上升使得地表蒸发量迅速增加,导致地表水分的收支平衡发生了新的变化。以往简单地以降水量变化作为描述干旱程度的单因素指数,如降水距平百分率、SPI 等,已不能全面地反映这种新变化。因此,干旱研究不仅要考虑地表水分的收入,还要考虑水分的支出。2010 Vicente-Serrano 提出了 SPEI,该指数算法与 SPI 类似,而变量为降水与潜在蒸散发的差值,能够表征某区域特定时间尺度下水量盈余或缺乏程度。标准化降水蒸散发指数(SPEI)不仅充分考虑了降水和蒸发对干旱的影响,而且综合考虑了干旱的多时间尺度特性(Vicente-Serrano 和 BegueríaLópez-Moreno,2010)。Vicente-Serrano 等(2010)用该指数建立了 1901~2006 年全球干旱趋势的数据集,以监测全球干旱分布。SPEI 被广泛应用于干旱频率分析,该指数还被广泛应用于干旱评估、水文干旱分析等,SPEI 还应用于分析干旱重建、干旱大气机制,气候变化,农业,生态系统,干旱对水文影响的识别,干旱监测系统等(Vicente-Serrano 等,2010)。

1.3.4　标准化径流指数(SRI)

水文干旱指因降水量长期短缺而造成某段时间内地表水或地下水收支不平衡,出现水分短缺,使河流径流量、地表水、水库蓄水和湖水减少的现象。由于径流量是降水等气象因素和流域下垫面条件共同作用的产物,因此在评估水文干旱时,利用径流量建立的指数比其他因素的指数更为适用。标准化径流指数 SRI 是由 Shukla 和 Wood 于 2008 年首次提出的水文干旱指数,SRI 的计算就是将给定时间尺度的累积径流量的分布通过等概率变换转化为标准正态分布(董前进等,2014)。SRI 在实际应用中具有和 SPI 相同的优势,该指数计算简单,所需输入数据单一且容易获得,适用于多时间尺度计算,可以满足不同地区、不同应用的需求,在资料缺乏、地形复杂的区域,目前在水文干旱识别研究中应用较多,能够为不同时间尺度的干旱监测服务(孙鹏等,2015)。

1.3.5　降水距平百分率

降水距平百分率是气象学者最常用到的表征干湿特征的物理量。降水距平百分率,顾名思义就是降水量的距平百分率,其计算过程可以表示为(实测值-同期历史均值)/同期历史均值,实质就是对降水量进行了标准化处理,是数学中标准化的思想在气象学上的应用。正是由于降水距平百分率是"标准化"了的降水量,因而可以用于不同时空尺度下降水量变化程度的比较。与PDSI 相比,降水距平百分率具有更高的持续性,也反映出干旱过程具有更大的时空尺度。此外,在实际蒸发较大的地区,PDSI 指数比降水距平百分率描述干旱强度更准确(席佳,2021)。

1.3.6 Z 指数

Z 指数与 SPI 指数的定义方法较为类似,也是基于某一时间段的降水量不服从正态分布,采用一种偏态分布来拟合某一时间段的降水量。不同的是,SPI 指数通过 Γ 函数的累积频率分布描述降水量变化,表征某一时间段降水量的出现概率,而 Z 指数用 Pearson Ⅲ 型分布拟合某一时段的降水量,而后对该 Pearson Ⅲ 型分布的概率密度函数进行标准正态化处理,从而将服从Pearson Ⅲ 型分布的降水量数据转换为服从标准正态分布的 Z 指数。

SPI 指数和 Z 指数都采用非正态分布来拟合某一时间段的降水量,两者在计算原理方面具有一定的相似性,因此两者具有一定程度的可相互替代性。但是 Z 指数是通过直接把概率密度函数进行标准化来得到,其计算公式存在颇为严重的漏洞,遇到极端情况时可能出现异常结果。相较 Z 指数而言,SPI是根据降水量的概率分布计算累积频率,然后转化成标准正态分布而得到。相对来说,SPI 具有更加稳定的计算特性,更好地描述了实际降水的变化趋势,更加明显地反映了旱涝程度(多普增,2017;许凯,2015)。

1.3.7 归一化植被指数(NDVI)

3S 等新型技术已逐渐应用在干旱识别评估中。遥感干旱指数在干旱评估监测中发挥更加重要的作用。归一化植被指数 NDVI(normalized different vegetation index)由 Rouse 等在 1973 年提出用于监测植被生长状况和覆盖度(王芝兰等,2019)。它是目前在监测植被动态变化、土地利用状况及分类等方面应用最广泛的一种遥感指数。植被生长状态良好时,NDVI 值较大,如果发生干旱,植物缺水会影响植物的生长状态,造成 NDVI 值变小,可利用植被这一特性对干旱进行间接监测。由于植被的生长状态不单会受到水分缺失的影响,因此仅利用 NDVI 作为监测干旱的指标有时会产生较大偏差,而且NDVI 对降水的响应具有明显的滞后效应。NDVI 具有其他植被指数所不具备的优势:①NDVI 经过比值处理以后,可以适当消除太阳高度角、地形坡度以及卫星观测角等变化造成的影响;②消除云和大气的影响,例如水汽、臭氧等大气成分对红光、近红外波段反射的影响;③消除植物背景水体、土壤的影响,增强对植被的表征能力(Lü 等,2012;Zhou 等,2021)。此外,植被状态指数 VCI(vegetation condition index)、温度状态指数 TCI(temperature condition index)、植被温度状态指数 VTCI(vegetation temperature condition index)等遥感干旱指数也广泛地应用在气象干旱和农业干旱领域内。一般情况下,该类指数只适合植被覆盖度比较高的地区,对于稀疏植被或裸地,监测结果存在较大的偏差。另外,植被指数对干旱的响应有一个滞后,在干旱的初期,很难通过植被指数监测出来。基于地表水和能量平衡模型的干旱指数主要有:蒸发比值(evaporative fraction,EF)、作物水分胁迫指数。该类指数具有一定的物理意义,反映了土壤水分状况,但是对作物来说,不同的发育期,需水量是不同的,因此相同的缺水指数在作物不同的发育期具有不同的意义。

第2章 不同类型干旱演进研究进展

2.1 干旱演进的主要进展

开展不同类型干旱传播的研究是揭示干旱形成机制的重要基础。目前国内外的干旱传播研究主要集中于利用不同干旱指数,采用水文模型或直接对不同干旱类型的代表性干旱指数进行相关性分析,研究不同类型干旱的传播时间较多,对于影响干旱传播出现差异的影响因素的相关研究较少。

国外研究学者例如 Van Loon 等(2012)和 Yang 等(2017)的研究均发现干旱传播在水文系统中具有聚集、衰减、滞后和延长的特征;Herrera-Estrada 等(2017)对多种水文气象过程,如蒸散发、渗透和含水层补给与排泄影响下的干旱传播进行研究,发现从气象到农业再到水文干旱的持续时间一般会更长。

Tushar Apurv 等(2017)在美国的研究分析了不同地区旱情的传播机制和控制因素, 发现水文干旱特征的空间格局与气候特征的格局一致并认为蓄泄关系是影响干旱传播的关键流域属性。Vicente-Serrano 等(2005)研究地中海区域干旱传播过程, 得到该地区气象到水文干旱的平均传播时间为 1~4 个月。Nadine Nicolai-Shaw 等(2017)利用直接的土壤湿度观测数据发现在干旱高峰前后的 8 个月里, 大多数地区的土壤湿度都低于正常水平。Alice Nyawira Kimaru 等(2019)采用标准化降水指数(SPI)和标准化降水蒸散发指数(SPEI)表征气象干旱,采用径流干旱指数(SDI)表征水文干旱,研究了肯尼亚纳库鲁湖 1981~2018 年的降水和排泄的时间变异性,应用 SWAT 模型对纳库鲁湖 5 条支流的径流进行了预测, 结果显示在流域尺度上,SPI 的干湿期分布均匀,而 SDI 观测到的干期频率高,湿期频率低。Muumbe K. Lweendo 等(2017)利用标准化降水指数(SPI)和标准化降水蒸散发指数(SPEI)识别气象干旱,用标准化土壤湿度指数(SSMI)表征农业干旱,用标准径流指数(SRI)表征水文干旱,对 1984~2013 年赞比亚卡弗河流域上游的气象干旱、农业干旱和水文干旱进行了重建和表征,通过 SPEI 与 SRI 的相关性分析,9~15 个月的

SPEI 与水文条件有较强的相关性。Kunal Bhardwaj 等(2020)使用可变入渗容量模型(VIC)、标准化降水指数(SPI)、标准化土壤湿度指数(SSMI)和标准化流量指数(SSI)对印度 223 个流域的气象干旱、农业干旱和水文干旱进行了估算,研究发现大部分流域特征与干旱参数没有很强的关系,季节性指数(SI)和基流指数(BFI)对气象干旱向水文干旱传播时间具有显著影响。Abebe Kebede 等(2019)在蓝色尼罗河上游选取标准化降水指数(SPI)、土壤水分指数(SMI)等指标对干旱进行了评价,结果表明土壤湿度对蓝色尼罗河流域径流具有重要的调节作用,干旱的发生始于气象干旱,且变化迅速,水文干旱与气象干旱相比其变化是缓慢的。Desalegn Chemeda Edossa 等(2010)采用标准化降水指数(SPI)和径流理论分析了埃塞俄比亚阿瓦什河流域的干旱特征,得到极端干旱事件发生频率最高的是上、中游流域,水文干旱事件的发生滞后于上游气象干旱事件平均 7 个月,变化范围为 3~13 个月。表 2-1 罗列了国外干旱传播研究进展。

表 2-1　国外干旱传播研究进展

研究人员	研究区域	研究方法	研究结果
Van Loon 等	欧洲	大尺度模型	干旱在水文系统中的传播具有聚集、衰减、滞后和延长等特征
Yang 等	澳大利亚东南部	统计模型	气象干旱结束和水文干旱结束之间普遍存在一个时滞
Herrera-Estrada 等	全球	拉格朗日方法、聚类	从气象干旱到农业再到水文干旱的持续时间通常更长

研究人员	研究区域	研究方法	研究结果
Tushar Apurv 等	美国	VIC 模型	海拔越高的流域在美国的水文干旱持续时间越长，气象干旱和水文干旱恢复之间的滞后时间更长
Vicente-Serrano 等	地中海区域	SPI	水文干旱对气象干旱的平均响应时间为 1~4 个月
Nadine Nicolai-Shaw 等	全球	基于卫星遥感土壤湿度	在干旱高峰前后的 8 个月里，大多数地区的土壤湿度都低于正常水平
Alice Nyawira Kimaru 等	肯尼亚纳库鲁湖	SPI、SPEI、SDI、SWAT 模型	SPI 显示的湿期和干期分布均匀，而 SDI 观测到的干期频率高，湿期频率低
Muumbe K 等	赞比亚卡弗河流域	SPEI、SRI	9~15 月的 SPEI 与水文条件有较强的相关性

研究人员	研究区域	研究方法	研究结果
Kunal Bhardwaj 等	印度	VIC 模型、SPI、SSI、SSMI	大部分流域特征与干旱参数没有很强的关系,季节性指数(SI)和基流指数(BFI)对气象干旱向水文干旱传播时间具有显著影响
Abebe Kebede 等	蓝色尼罗河流域上游	SPI、SMI、RDIst	干旱的发生始于气象干旱且变化迅速,土壤湿度对蓝色尼罗河流域径流具有重要的调节作用
Desalegn Chemeda Edossa 等	埃塞俄比亚阿瓦什河流域	SPI、径流理论	水文干旱事件的发生滞后于上游气象干旱事件平均7个月,变化范围为3~13个月

近些年来,国内学者也开始重视对于不同类型干旱传播的研究。Lei Gu 等(2020)在黄河上游、长江流域的金沙江和嘉陵江计算标准化降水蒸散发指数(SPEI)和标准化径流指数(SRI)及游程理论来评价气象干旱和水文干旱,研究发现气象干旱的持续时间和严重程度在向水文干旱的传播过程中都有所放大。Zhao Lin 等(2014)利用标准化降水指数(SPI)和标准化径流指数(SRI)及游程理论识别泾河流域水文干旱、气象干旱的持续时间,通过二者的

发生时间确定响应时间为 127 d 左右。Yang Xu 等(2019)通过分析滦河流域上游、中游和下游地区标准化降水指数(SPI)和标准化径流指数(SRI)发现气象干旱向水文干旱的传播表现出 7~12 个月的滞后。Zhiming Han 等(2019)采用标准化降水指数(SPI)和干旱严重程度指数(DSI)研究了珠江流域的地下水蓄水异常,结果表明气象对地下水干旱的传播时间为 8 个月,春、夏的传播时间短于秋、冬。Meixiu Yu 等(2020)选取淮河上游作为案例研究点,采用标准化降水指数(SPI)和标准化径流指数(SRI)分别表征气象干旱和水文干旱,利用小波相干分析和回归模型研究了气象干旱和水文干旱的关系,结果表明随着流域面积的增加,水文干旱与气象干旱的相干性减弱,水文干旱的滞后效应减弱,长期来看水文干旱与气象干旱的同步性更强。Qiongfang Li 等(2020)应用小波分析对我国沙颍河流域上游标准化降水指数(SPI)和标准化径流指数(SRI)进行研究发现气象干旱到水文干旱的传播时间随季节变化明显,春、冬传播时间较长,夏、秋传播时间较短。Xiaofan Zeng 等(2015)以中国嘉陵江流域为研究区域,采用 SPEI 和 SDI 评价气象干旱和水文干旱的变化及其相关性,结果表明气象干旱对流域西北地区的水文干旱滞后 1~2 个月,对流域东南地区的水文干旱滞后 1 个月。何福力等(2015)在黄河流域运用时滞互相关分析法,表明气象干旱与水文干旱具有相关性与时滞性,干旱、半干旱气候区的水文干旱比气象干旱滞后 1~5 个月。张建龙等(2014)对南盘江流域不同时间尺度的气象干旱指数和水文干旱指数进行相关分析,指出水文干旱对气象干旱的响应有 6 个月的滞时。李运刚等对红河流域气象干旱向水文干旱的传播进行研究,通过计算径流干旱指数(SDI)以及标准化降水蒸散发指数(SPEI)得到该流域水文干旱对气象干旱的响应有 1~8 个月的滞后时间。吴杰峰等(2017)在晋江流域采用标准化降水指数(SPI)、游程理论等进行流域气象干旱、水文干旱的研究,指出水文干旱与气象干旱有 1.45 个月的滞时。曾碧球等(2020)研究马别河流域的气象干旱与水文干旱分别计算标准化降水指数(SPI)和标准化径流指数(SRI)研究表明,流域水文干旱与气象干旱有 1 个月的滞时。郑越馨等(2019)在三江平原采用标准化降水蒸散发指数(SPEI)以及径流干旱指数(SDI),对近 50 年气象干旱与水文干旱的时空分布特征进行分析,得到水文干旱与气象干旱存在 1~7 个月的滞后时间。蒋忆文等(2014)在黑河流域采用标准化降水指数(SPI)与水文干湿指数分析发现在月尺度上的水文干旱要滞后于气象干旱的发生。陈文华等(2019)利用小波分析、Mann-Kendall 趋势检验、标准化降水指数(SPI)、标准化降水蒸散发指数(SPEI)及径流干旱指数(SDI),对怒江下游地区勐波罗河流域水文干旱与气象干旱进行研究,表明径流干旱与气象干旱关系较为密切,通过标准化降水蒸散发指数(SPEI)(6 个月时间尺度)的变化,可以较好地预测年径流干旱的情况。于晓彤等(2018)基于子牙河流域采用标准化降水蒸散发指数(SPEI)和标准化径流指数(SRI),采用 Mann-Kendall 趋势检验法及 Morlet 小波分析法、游程理论以及时滞互相关分析法研究发现气象干旱往往伴随着水文干旱的发生,但水文干旱往往存在着一定的滞后性,并且当流域干旱事件发生时,水文干旱等级通常低于气象干旱一个等级。孙洋洋等(2018)对渭河流域进行研究,采用了小波分析、Mann-Kendall 趋势检验以及游程理论等方法,研究发现渭河流域水文干旱对气象干旱的响应时间滞后大约为 3 个月。黎小燕等(2014)选取反映气象干旱、农业干旱、水文干旱的标准化降水蒸散发指数(SPEI)、土壤含水率距平指数(SMAPI)和标准化径流指数(SRI),分析了西南地区不同类型干旱的相关性,表明三种指数之间具有较好的相关性,具有3 个月时间尺度的特征,SRI 过程最为平缓,表现出水文干旱滞后于气象干旱、农业干旱的特性。表 2-2 罗列了国内干旱传播研究进展。

表 2-2　国内干旱传播研究进展

研究人员	研究区域	研究方法	研究结果
Lei Gu 等	黄河上游、长江流域的金沙江和嘉陵江	SPEI、SRI、游程理论	气象干旱的持续时间和严重程度在向水文干旱的传播过程中都有所放大
Zhao Lin 等	泾河流域	SPI、SRI、游程理论	水文干旱滞后气象干旱约 127 d
Yang Xu 等	滦河流域	SPI、SRI	气象干旱向水文干旱的传播表现出 7~12 个月的滞后

研究人员	研究区域	研究方法	研究结果
Zhiming Han 等	珠江流域	SPI、DSI	气象对地下水干旱的传播时间为 8 个月
Meixiu Yu 等	淮河流域上游	SPI、SRI、小波相干分析和回归模型	随着流域面积的增加，水文干旱与气象干旱的相干性减弱，水文干旱的滞后效应减弱
Qiongfang Li 等	沙颍河流域上游	小波分析	气象干旱到水文干旱的传播时间随季节变化明显，春、冬传播时间较长，夏、秋传播时间较短
Xiaofan Zeng 等	嘉陵江流域	SPEI、SDI	气候干旱对流域西北地区的水文干旱滞后 1 ~ 2 个月，对流域东南地区的水文干旱滞后 1 个月
何福力等	黄河流域	时滞互相关法	水文干旱比气象干旱滞后 1 ~ 5 个月

研究人员	研究区域	研究方法	研究结果
张建龙等	南盘江流域	SPI、SSFI	水文干旱对气象干旱的响应时间约6个月的滞时
李运刚等	红河流域	SPEI、SDI	水文干旱滞后于气象干旱1~8个月
吴杰峰等	晋江流域	SPI、游程理论	水文干旱滞后气象干旱1.45个月
曾碧球等	马别河流域	SPI、SRI	水文干旱滞后气象干旱1个月
郑越馨等	三江平原	SPEI、SDI	水文干旱滞后于气象干旱1~7个月
蒋忆文等	黑河流域	SPI、水文干湿指数	月尺度上的水文干旱相对于气象干旱而言存在滞后性
陈文华等	怒江流域	SPI、SPEI、SDI	SPEI(6个月时间尺度)的变化,可以较好地预测年径流干旱的情况

研究人员	研究区域	研究方法	研究结果
于晓彤等	海河流域子牙河流域	SPEI、SRI、Mann-Kendall 趋势检验、小波分析、游程理论、时滞互相关分析法	气象干旱往往伴随着水文干旱的发生,但水文干旱往往存在着一定的滞后性;水文干旱等级通常低于气象干旱一个等级
孙洋洋等	渭河流域	小波分析、Mann-Kendall 趋势检验以及游程理论	渭河流域水文干旱对气象干旱的响应在滞后 3 个月的时候最为敏感
黎小燕等	西南地区	SPEI、SRI、SMAPI	SRI 过程最为平缓,表现出水文干旱滞后于气象干旱、农业干旱的特性

2.2 干旱演进的主要影响因素

流域干旱的形成与传播过程中的关键要素为气象因子,气象因子的变化直接影响流域降水,造成径流的缺乏,进而导致或加剧干旱的发展过程(范嘉智等,2020)。因此,探究气象因子对不同类型干旱的传播时间的影响最为直观。

降水和蒸散发之间相互作用主导干旱的形成和演变,辐射、气温、风速、湿度、日照等因素是影响下垫面蒸散发的重要因素。降水是下垫面水分的唯一来源,降水异常偏少直接导致气象干旱发生;辐射是下垫面蒸发所需能量的主要来源;气温为下垫面蒸发提供动力条件,气温还会影响水温和土壤温度,进而影响水面蒸发、土壤蒸发和植物蒸腾;风速通过引起空气紊动扩散作用影响水面蒸发和植物蒸腾,为其提供动力条件;湿度、日照会影响蒸发和蒸腾作用,一般情况下,湿度小蒸发量大,强光照射下蒸腾作用加强(蒋桂芹,2013)。在自然状态下,气象干旱是水文干旱和农业干旱形成的唯一外在驱动力(董林垚等,2013)。气象干旱发生后,降水量和相对湿度相继下降,并且太阳辐射增强,造成土壤含水率降低,湿度减小,若土壤水分不能得到地下水的有效补给或补给不足而不能满足作物需水,从而影响作物生长,使粮食产量供不应求,波动粮食市场,诱发农业干旱;气象干旱持续发展,进而破坏水资源平衡,影响下垫面地表水和地下水系统的水分收入和支出项,导致河流和水库枯竭且地下水位下降,地表水和地下水一方面以水面蒸发或潜水蒸发形式耗失,另一方面农业干旱情况下的包气带干化、增厚,同等降水条件下产流减小,补给地下水的水量减少,则导致水文干旱(裴源生等,2013)。气象干旱、水文干旱和农业干旱的发生最终会引发社会经济干旱。

此外,人类活动的影响也不容忽视,在人类活动干扰强烈的地区,气象干旱、水文干旱、农业干旱之间的关系变得更加复杂。人类通过开发利用水资源,改变了水循环演变过程(王文,段莹,2012),导致地表水或地下水量减少,造成没有发生气象干旱而发生水文干旱的情况。同时,人类也可以通过修建水利工程进行水资源调控,使得发生气象干旱,而不会发生水文干旱。在雨养农业区,气象干旱仍旧是农业干旱的主要驱动因素(王劲松等,2012),但人类超采地下水等活动可能引起地下水对土壤水补给不足,造成农业干旱,出现没有发生气象干旱却发生农业干旱的情况;在灌溉农业区,灌溉成为作物吸收水分的主要途径(张强等,2004),农业干旱与气象干旱的关系间接化;气象干旱发生时不一定会形成农业干旱,但是当气象干旱导致严重水文干旱,进而影响灌溉水量,则会诱发农业干旱。人类还能通过调整农业种植结构、农作物品种以及农业生产规模等方式来影响农业需水量(崔修来等,2019),若当地灌溉条件或水资源条件与调整后的农业需水情况不匹配,则在没有发生气象干旱或水文干旱的情况下，却可能出现农业干旱。

干旱的发生机制十分复杂，它受气象、植被类型、土壤、蒸散发、气温、下垫面等多要素的影响，是众多因素综合作用的结果。所以，干旱监测时将影响干旱发生的多种因素综合考虑在内，并对时间及空间的状况都进行监测效果最佳。然而，目前使用的干旱研究方法大部分只考虑一个或几个主要的因素，对人类活动的影响也甚少考虑，并且源于不同数据源的数据的分辨率也存在不一致性，干旱的评估结果往往存在一定的差异性。基于物理基础的分布式水文模型能够利用一致的输入数据，综合考虑气象、植被类型、土壤、下垫面等因子的空间分异性，将影响干旱发生的各种因素通过物理过程有机结合在一起，而且分布式水文模型中分布式的输入参数与输出结果更易与遥感和GIS技术结合，可以灵活设定变化情景，模拟不同情景下的水文响应，对气象干旱、农业干旱和水文干旱的水文变量进行分析，能更加真实地模拟水文循环过程。基于分布式水文模型的多类型干旱系统监测方法，将影响气象干旱、水文干旱和农业干旱的因子综合考虑进行集成模拟研究，实现了三种干旱监测方法输入数据一致、过程可验证以及时空可推延，应是未来干旱研究的发展方向。

干旱具有聚集、衰减、滞后、延长的特点已经被广泛认可，不同类型的干旱发生的时间具有明显的递进关系。从发生气象干旱开始，接着发生农业干旱，再到水文干旱，干旱造成的损失程度也越来越严重，因此对不同类型干旱之间的响应过程进行分析，确定不同类型干旱时空演进阈值对及时采取措施，预防进一步的干旱，减轻由于不同类型干旱演进造成干旱损失的增加具有重要意义。而目前对不同类型干旱的研究大部分探讨的仅仅是水文干旱或者农业干旱开始时间与气象干旱的时间差，只关注不同干旱事件发生时间的差异，而对于一类干旱向另一类干旱的临界值并未进行进一步的研究，这还不是完全意义上的响应关系。建立水文干旱、农业干旱和气象干旱特征之间的线性模型，分析水文干旱、农业干旱与气象干旱特征间的相关性，确定区域不同类型干旱演进阈值，进一步明晰不同类型干旱响应的概念，研究长时间尺度下水文干旱、农业干旱与气象干旱的演变规律，比较全面地分析响应关系。明确不同类型干旱传播的临界值对于深化干旱问题的研究具有重要的意义，是采取防旱、减旱措施的必要前提，为处理极端干旱事件提供了依据。未来的研究应关注对时空演进阈值的探讨,才能对干旱的传播过程进行及时有效的控制,建立基于不同类型干旱传播过程机制的干旱风险评估与预警,这对于降低干旱灾害造成的损失,维护社会可持续发展具有重要意义。

第3章 青海省干旱特征

　　青海省位于我国西北内陆腹地、青藏高原东北部,地理位置为89°35′~103°04′E,31°09′~39°19′N,与甘肃、四川、西藏和新疆接壤,是长江、黄河和澜沧江的发源地,故有"江河源"之称。全省地势总体呈西高东低、南北高中部低的态势,西部海拔高峻,向东倾斜,呈梯形下降,东部地区为青藏高原向黄土高原过渡地带,地形复杂,地貌多样。青海省深居内陆,远离海洋,地处青藏高原,属于高原大陆性气候。其气候特征是:日照时间长、辐射强;冬季漫长、夏季凉爽;气温日较差大,年较差小;降水量少,地域差异大,东部雨水较多,西部干燥多风,缺氧、寒冷。年平均气温受地形的影响,其总的分布形式是北高南低。青海省境内各地区年平均气温在−5.1~9.0 ℃,年降水量在50~450 mm;太阳辐射强、光照充足,年日照时数在2 500 h以上,是中国日照时数多、总辐射最大的省份。

3.1 数据与方法

3.1.1 数据资料

　　青海省位于我国西北内陆腹地、青藏高原东北部,根据青海省气象站点的空间位置划分为四个区域:柴达木盆地地区(小灶火站、格尔木站、诺木洪站、都兰站)、青海湖流域(兴海站、贵南站、贵德站、共和站)、湟水流域(西宁站、民和站)、三江源流域。三江源流域包括黄河流域(同仁站、班玛站、河南站、玛多站、达日站、玛沁站、久治站)、长江流域(曲麻莱站、五道梁站、玉树站、沱沱河站、清水河站)、澜沧江流域(杂多站、囊谦站)。气象数据来自中国气象数据网中国地面气候资料日值数据集,包括温度、相对湿度、风速、日照数据、降水量和蒸发量等,并经过质量检验。由于有些站点早期数据缺失以及数据质量的差异,为了使各站时间序列保持一致,选择1980~2018年为研究时间段。ENSO、PDO、NAO、AO指数数据来自美国国家海洋与大气管理局。气象站点分布如图3-1所示。

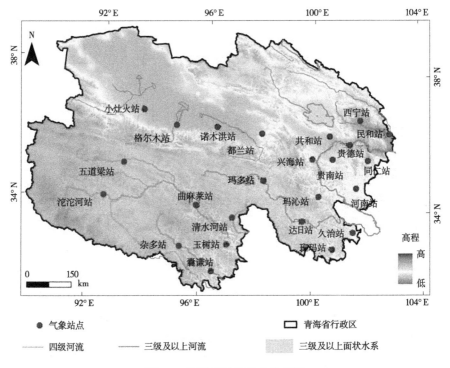

图 3-1　青海省气象站点分布图

3.1.2　研究方法

3.1.2.1　标准化降水蒸散发指数

文中采用不同时间尺度的 SPEI 进行分析。1 个月尺度的 SPEI(SPEI-1)反映旱涝的细微变化,3 个月尺度的 SPEI(SPEI-3)反映干旱的季节变化特征,12 个月尺度的 SPEI(SPEI-12)能够捕捉干旱的年际变异规律(Tefera 等,2020;Vicente-Serrano 和 BegueríaLópez-Moreno,2010)。本文统计了季节尺度的 SPEI-3,季节按照气象学的划分标准,春季:3~5 月,夏季:6~9 月,秋季:9~11 月,冬季:12 月至翌年 2 月。SPEI 的主要计算步骤如下:

首先计算潜在蒸散量(PET)与逐月降水量的差值,即水量平衡(D_i):

$$D_i = P_i - \text{PET}_i \tag{3-1}$$

式中:P_i 为月降水量;PET_i 为月潜在蒸发量。

采用含 3 个参数[尺度函数(α)、形状函数(β)、origin 参数(γ)]的

Log-logistic 概率分布对 D_i 序列进行线性拟合,得到概率分布的累计函数:

$$F(x) = \left[1 + \left(\frac{\alpha}{x - \gamma} \right)^{\beta} \right]^{-1} \tag{3-2}$$

最后将累计概率密度(P)进行标准化正态处理,计算出序列中每个数值对应的 SPEI 值:

$$SPEI = w - \frac{c_0 + c_1 w + c_2 w^2}{1 + d_1 w + d_2 w^2 + d_3 w^3} \tag{3-3}$$

$$w = \sqrt{-2\ln(P)} \tag{3-4}$$

其中,如果 $P > 0.5$,$P = 1 - F(x)$;如果 $P \leqslant 0.5$,$P = F(x)$。其余参数的值与 SPI 计算过程相同,$c_0 = 2.515\,517$,$c_1 = 0.802\,853$,$c_2 = 0.010\,328$,$d_1 = 1.432\,788$,$d_2 = 0.189\,269$,$d_3 = 0.001\,308$。

3.1.2.2 干旱频率

干旱频率(F_i)用来评价研究区在研究时间段内干旱频发的程度(司瑶冰等,2014),计算公式为

$$F_i = \frac{n}{N} \times 100\% \tag{3-5}$$

式中:N 为统计时段总年数;n 为统计时段内某等级干旱发生的次数。

3.1.2.3 数据分析方法

(1)Mann-Kendall 趋势检验法属于非参数统计检验方法,是世界气象组织推荐使用的时间序列分析方法(Singh,2020;邵明阳,2014)。利用 MATLAB 语言统计分析软件运行 Mann-Kendall 趋势检验法程序,对青海省的干旱的时空变化趋势进行分析,Sen 斜率估计用于计算趋势值。Z 为 Mann-Kendall 检验的统计量,Z 若为正值表明序列呈上升趋势,若为负值表明序列呈下降趋势;$|Z| \geqslant 1.28$、1.64、2.32 时表示分别通过了信度 90%、95%、99% 的显著性检验,显著性水平以 α 表示。

(2)利用 Pearson 相关系数定量描述青海省 SPEI 与大气环流指数的滞后关系。本书利用 * 表示 p 值通过 0.05 的显著性检验,* * 表示 p 值通过 0.01 的显著性检验。

3.2 结果与分析

3.2.1 干旱频率变化

利用 1980~2018 年青海地区 24 个站点 1 个月时间尺度的 SPEI 值,依据干旱等级的划分标准,统计出近 40 年来青海省各年发生不同干旱等级的频次,分析青海省年际干旱频次的变化情况。1980~2018 年青海省各站点出现轻度干旱的频率最高,中度干旱次之,严重干旱与极度干旱出现频率最低。近 40 年来青海地区发生干旱的频次呈阶段式增加(如图 3-2 所示):①1980~1984 年,青海省出现干旱事件站点数量少,发生的干旱等级低,以轻度干旱为主;②1985~2001 年,青海省每年出现的干旱站点数量、发生不同等级的干旱的频率呈现直线式上升,出现轻度干旱、中度干旱的站点数量增加了 3 倍,重度干旱和极度干旱增加趋势较为平缓,仍以轻度干旱为主。1995 年和 2000 年是青海省出现轻度干旱事件站点数量最多的年份;③2002~2006 年,青海省 24 各站点出现的干旱以中度干旱为主,出现重度干旱、极度干旱的站点数量不断增加;④2007~2011 年,青海省出现干旱事件的站点数量减少,干旱等级下降,以轻度干旱为主;⑤2012~2018 年,青海省出现干旱的站点数量增加,干旱等级上升,以轻度干旱和中度干旱为主,重度干旱和极度干旱的站点数量也明显有所上升。以上分析表明,自 20 世纪 90 年代以来,青海地区发生干旱的次数多,且干旱程度加重,发生中度干旱事件的次数尤为增长。

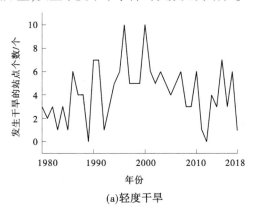

(a)轻度干旱

图 3-2　1980~2018 年青海省各站点干旱的变化特征

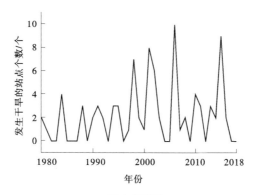

(b)中度干旱

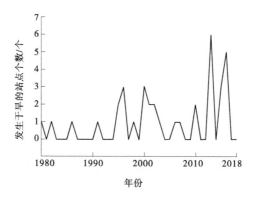

(c)重度干旱

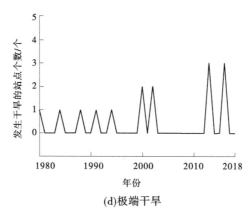

(d)极端干旱

续图 3-2

3.2.2 干旱的时间变化特征

通过统计 SPEI-3 值和 SPEI-12 值,依据干旱等级的划分标准,计算干旱频率,分析青海省干旱的季节和年际变化特征(见图 3-3)。青海省春、秋季发生的干旱呈周期性变化。春季干旱以 5~6 年为周期,干旱频率为 55.26%,多为轻度干旱。秋季干旱以 6~7 年为周期,干旱频率为 39.47%,多为中度干旱。夏季干旱频率为 47.37%,在 2000 年之前,青海省夏季多发生轻度干旱,中度干旱、重度干旱发生频率低;2000~2002 年、2014~2016 年夏季发生中度干旱和重度干旱的频率增加。冬季干旱频率为 31.57%,多为轻度干旱。青海省干旱的年际变化以 12~13 年为周期,干旱频率及强度不断增加。1980~1993 年多发生轻度干旱,中度干旱、重度干旱和极端干旱偶有发生,干旱频率为 33.33%。1994~2005 年多发生中度干旱,干旱发生的频率上升为 43.05%。2006~2018 年青海省多发生轻度干旱和中度干旱,重度干旱和极端干旱发生的次数增加,干旱频率上升至 54.15%。

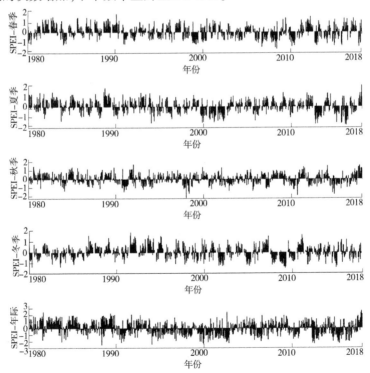

图 3-3　青海省干旱的时间变化特征

利用 Mann-Kendall 趋势检验法对青海省干旱的时间变化趋势进行分析(见表 3-1)。结果显示:在季节尺度上,青海省春季、夏季、秋季的 Z 值分别为 -4.161、-3.436、-2.758,通过了 99% 置信水平的检验,表明春季、夏季、秋季发生干旱的频率和等级呈上升趋势,干旱变化趋势显著,冬季干旱的变化趋势不显著。在年际尺度上,SPEI-12 的 Z 值为 -1.857,通过了 95% 置信水平的检验,表明青海省自 1980 年以来发生干旱的频率呈显著上升趋势。青海省多发生轻度干旱和中度干旱,重度干旱和极端干旱发生的次数增加,干旱变化趋势显著。

表 3-1　青海省干旱的时间变化趋势

项目	春季	夏季	秋季	冬季	年际
Z	-4.161	-3.436	-2.758	-0.465	-1.857
Sen	$-0.044\ 8$	$-0.029\ 9$	$-0.033\ 6$	$-0.004\ 98$	$-0.030\ 9$

3.2.3　干旱的空间变化特征

采用 Mann-Kendall 趋势检验对青海省 1980~2018 年的干湿状况进行季节尺度和年际的空间趋势分析,结果表明:近 40 年来,青海省在季节尺度和年际尺度的干湿变化趋势有所差异,青海省 1980~2018 年干湿状况的空间分布如图 3-4 所示。

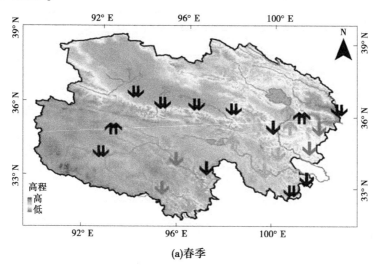

(a)春季

图 3-4　青海省干旱的空间变化特征

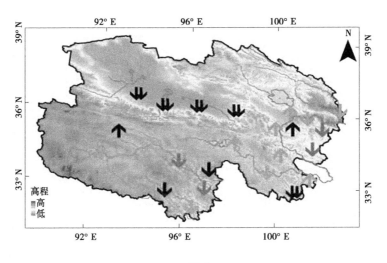

(b)夏季

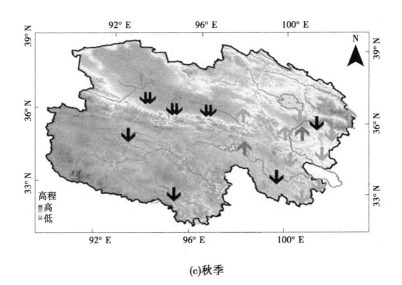

(c)秋季

续图 3-4

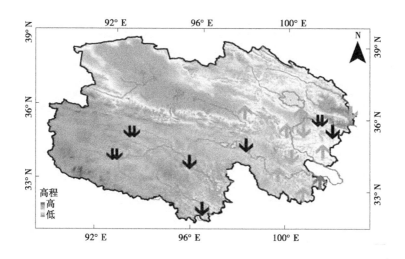

(d)冬季

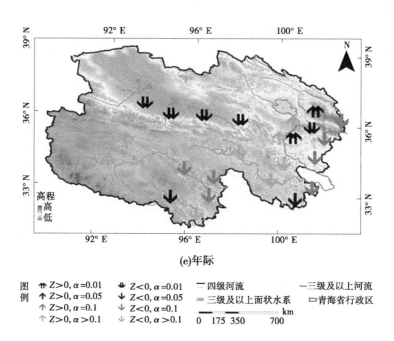

(e)年际

青海省春季柴达木盆地、湟水流域、三江源流域具有趋于干旱的趋势。柴达木盆地(小灶火站、格尔木站、诺木洪站、都兰站)、湟水流域(民和站)、黄河流域(班玛站、同仁站、玛多站、河南站、久治站)、长江流域(沱沱河站、清水河站、曲麻莱站)、澜沧江流域(杂多站)的 Z 值均为负值,除同仁站、杂多站、曲麻莱站、河南站的 Z 值的 α(显著水平)= 0.1 外,其余站点的显著性水平为 0.01 或 0.05,趋于干旱的趋势显著。青海湖流域(贵德站)、长江流域(五道梁站)的 Z 值为正值,$\alpha = 0.01$,趋于湿润的趋势显著。

夏季柴达木盆地、三江源江流域存在趋于干旱的趋势,其中柴达木盆地(小灶火站、格尔木站、诺木洪站)、三江源江流域(同仁站、玛多站、河南站、曲麻莱站、玉树站、杂多站)的 Z 值为负值,趋向干旱的趋势显著,其中黄河流域(同仁站、河南站)、长江流域(曲麻莱站)Z 值的 $\alpha = 0.1$,其余站点 Z 值的 α 为 0.05、0.01。柴达木盆地(都兰站)、长江流域(五道梁站)、青海湖流域(贵南站)趋向湿润的趋势显著,Z 值的 $\alpha = 0.01$,如图 3-4(b)所示。

秋季柴达木盆地、澜沧江流域、黄河流域具有趋于变干的趋势。其中,柴达木盆地(小灶火站、格尔木站、诺木洪站)、澜沧江流域(杂多站)、黄河流域(达日站)的 Z 值为负值,$\alpha = 0.05$ 或 0.01,变干趋势显著;黄河流域(玛多站)Z 值的置信水平为 0.1,具有趋向干旱的趋势。黄河流域(玛多站)、青海湖流域(贵南站)的 Z 值为正值,$\alpha = 0.1$,具有趋于湿润的趋势。

冬季趋于干旱的站点主要集中在三江源流域和青海湖流域,其中三江源流域(五道梁站、沱沱河站、曲麻莱站、玛多站、囊谦站、同仁站)和青海湖流域(贵德站)Z 值的 $\alpha = 0.01$,趋向干旱的趋势显著。黄河流域(久治站)的 Z 值为正值,$\alpha = 0.1$,具有趋于湿润的趋势。

青海省年际尺度上干湿的空间变化特征见图 3-4(e),柴达木盆地、青海湖流域、三江源流域中的黄河流域和澜沧江流域具有趋于干旱的趋势。柴达木盆地(小灶火站、格尔木站、诺木洪站、都兰站)、青海湖流域(贵德站)、黄河流域站点(杂多站、班玛站)呈现显著变干趋势,Z 值的 α 为 0.01 或 0.05;湟水流域(民和站)、长江流域(曲麻莱站、清水河站、玉树站)、黄河流域(同仁站、久治站、河南站)呈现变干趋势,Z 值的 $\alpha = 0.1$。青海湖流域(西宁站、贵南站)的 Z 值为正值,$\alpha = 0.01$,趋于湿润的趋势显著。

第4章 大气环流对青海省干旱的影响

4.1 大气环流

近年来,全球气候变化有着加剧的趋势,导致极端气候事件趋多趋强。气候变化是指气候由于某种原因发生了统计意义上的显著变化,具体表现为两种形式:一种是气候平均值的变化,表现是气候的平均状况整体发生了变化;另一种是气候离差值的变化,表现是气候状态不稳定性增加,气候异常越加明显。自然界中实际发生的气候变化一般都是两种变化形式的叠加。近年来一些大尺度大气环流异常现象的频繁发生,如厄尔尼诺/南方涛动(El Niño/La Niña-Southern Oscillation, ENSO)的频繁出现、北大西洋涛动(North Atlantic Oscillation, NAO)、太平洋年际涛动(Pacific Decadal Oscillation, PDO)以及北极涛动(Arctic Oscillation, AO)等,正是全球气候变化的具体体现。

4.1.1 厄尔尼诺/南方涛动(ENSO)

厄尔尼诺(El Niño)现象,指的是赤道中东太平洋附近的海表温度持续异常增暖现象,导致全球气候模式发生变化,从而造成一些地区干旱而另一些地区又降雨量过多,因为通常在圣诞节前后开始发生又被称为圣婴现象。与厄尔尼诺现象相对的是拉尼娜(La Niña)现象,是指赤道东太平洋附近出现的一种大范围的水温异常下降的现象,它引起的气候变化特征正好与厄尔尼诺现象相反。当厄尔尼诺现象发生时,赤道东太平洋大范围的海水温度可比平常年份高出几摄氏度。海洋覆盖了全球面积的71%,由于海洋的热容量要比大气大很多,因此海洋温度的微小变化能够使大气温度发生强烈的响应。太平洋广大水域的水温升高,改变了传统的赤道洋流和东南信风,使全球大气环流模式发生变化,其中最直接的现象是赤道西太平洋与印度洋之间海平面气压成反相相关关系,即南方涛动现象(Southern Oscillation, SO)。在拉尼娜期间,东南太平洋气压明显升高,印度尼西亚和澳大利亚的气压减弱,厄尔尼诺期间的情况正好相反。对于这种海洋与大气的相互作用和关联,气象上把两者合称为厄尔尼诺/南方涛动(ENSO)。这种全球尺度的气候振荡被称为 ENSO 循环。厄尔尼诺对中国的影响主要表现为易导致暖冬、南方暴雨洪涝频率增大、北方易出现高温干旱、东北易出现冷夏等(Manatsa 等,2008;Sun 等,2017)。

相关研究表明,ENSO 是导致全球各地重大干旱、暴风雨以及洪水的重要原因。ENSO 现象一般每隔 2~7 年出现一次,持续时间为几个月乃至一年不等。进入 20 世纪 90 年代以后,ENSO 现象愈来愈频繁地出现,且持续时间延长。ENSO 的评判标准在世界各国间还存在一定差别。一般将 Nino 3 区海温距平指数连续 6 个月达到 0.5 ℃以上定义为一次厄尔尼诺事件,而美国则将 Nino 3.4 区海温距平的 3 个月滑动平均值达到 0.5 ℃以上定义为一次厄尔尼诺事件。中国气象局国家气候中心在业务上主要以 Nino 综合区(Nino 1+2+3+4 区)的海温距平指数作为判定厄尔尼诺事件的依据,指标如下:Nino 综合区海温距平指数持续 6 个月以上不低于 0.5 ℃(过程中间可有单个月份未达指标)为一次厄尔尼诺事件;若该区指数持续 5 个月不低于 0.5 ℃,且 5 个月的指数之和不低于 4.0 ℃,也定义为一次厄尔尼诺事件(Nguyen 等,2021;Zhang 等,2020)。

4.1.2　北大西洋涛动(NAO)

北大西洋涛动(NAO)是北半球热带外大气环流低频变率的主要模态,指的是北大西洋上两个大气活动中心(冰岛低压和亚速尔高压)的气压变化为明显负相关,当冰岛低压加深时,亚速尔高压加强,或冰岛低压填塞时,亚速尔高压减弱。NAO 强,表明两个活动中心之间的气压差大,北大西洋中纬度的西风强,为高指数环流;当 NAO 弱时,表明两个活动中心之间的气压差比较小,北大西洋上西风减弱,为低指数环流(Santos J F 等,2014)。

NAO 扰乱了北半球冬天的天气状况,当北大西洋涛动的指数为负数时,会把急流(大气中的强风带)吹向更偏南处,并带走了温暖潮湿的天气,从而令北半球的大部分地区更加寒冷,NAO 甚至可以横跨亚欧大陆,使得远离大西洋的东亚地区(如中国、韩国等)也遭到严寒天气的侵袭。

4.1.3　太平洋年际涛动(PDO)

太平洋年际涛动(PDO)是一种以 10 年周期尺度变化的以中纬度太平洋盆地为中心的强周期性的海洋大气气候变化模式。过去的几个世纪里,在太平洋 20°N 以北,振幅这种气候模式在年际尺度和年代际尺度上都存在着不规则的变化,其变换周期通常为 20~30 年。PDO 的特征为太平洋 20°N 以北区域表层海水温度异常偏暖或偏冷。在太平洋十年涛动"暖相位"(或"正相位”)期间西太平洋偏冷而东太平洋偏暖,在"冷相位"(或"负相位")期间西太平洋偏暖而东太平洋偏冷。

4.1.4　北极涛动(AO)

北极涛动(AO)指的是北半球中纬度地区(大约45°N)与北极地区气压形式差别的变化,是代表北极地区大气环流的重要气候指数。北极通常受低气压系统支配,而高气压系统则位于中纬度地区,当AO处于正向位时,低压系统与高压系统的气压差比起正常情况要强,从而限制了北极地区冷空气向南扩展;当AO处于负相位时,低压系统与高压系统的气压差比正常情况弱,因而冷空气也较易向南侵袭。AO是北半球热带外大气低频变率的主要模态,对北半球冬季气候异常存在至关重要的作用。AO位相的正负异常年份,对其同期冬季我国最高温度、最低温度有较强的作用。

4.2　干旱与大气环流的响应关系

大气环流影响干旱是一个持续性的过程,与降水异常并非同步,二者需要一定的时间相互作用和影响,大气环流对于降水的影响存在一定的滞后性。利用Pearson相关统计方法分析SPEI月值与同期选用Nino3.4指数、PDO指数、NAO指数、AO指数之间的滞后相关性,以相关显著性水平确定影响青海省干旱的关键因子。青海省1980~2018年标准化降水蒸散发指数(SPEI)与不同大气环流指数滞后相关性如表4-1所示。

表4-1　青海省干旱与大气环流的滞后相关性

分区	站点	AO 滞后 1 个月	NAO 滞后 7 个月	PDO 滞后 5 个月	ENSO 滞后 11 个月
柴达木盆地	小灶火站	0.009	0.064	−0.254＊＊	−0.012
	格尔木站	0.042	0.048	−0.223＊＊	0.028
	诺木洪站	0.087	0.046	−0.236＊＊	0.007
	都兰站	0.069	0.113＊	−0.051	−0.028

分区	站点	AO 滞后 1 个月	NAO 滞后 7 个月	PDO 滞后 5 个月	ENSO 滞后 11 个月
青海湖流域	共和站	0.122＊＊	0.180＊＊	−0.136＊＊	−0.051
	贵德站	0.045	0.135＊＊	−0.215＊＊	−0.091
	兴海站	0.150＊＊	0.150＊＊	−0.056	−0.058
	贵南站	0.173＊＊	0.152＊＊	−0.037	−0.105＊
湟水流域	民和站	0.069	0.128＊＊	−0.185＊＊	−0.058
	西宁站	0.098＊	0.108＊	0.035	−0.061
长江流域	沱沱河站	0.092＊	0.013	0.062	−0.064
	五道梁站	0.073	0.031	−0.087	−0.105＊
	曲麻莱站	0.067	0.027	−0.092＊	−0.069
	玉树站	0.065	0.040	−0.061	−0.110＊
黄河流域	玛多站	0.075	0.100＊	−0.147＊＊	−0.127＊＊
	玛沁站	0.117＊	0.106＊	−0.075	−0.050
	同仁站	0.100＊	0.125＊	−0.180＊＊	−0.051
	班玛站	0.098＊	0.065	−0.024	−0.021
	达日站	0.072	0.057	−0.048	−0.103＊
	河南站	0.141＊＊	0.030	−0.058	−0.031
	久治站	0.123＊＊	−0.027	−0.024	−0.065
澜沧江流域	囊谦站	0.004	0.020	−0.063	−0.036
	杂多站	0.081	0.049	−0.100＊	−0.052

AO 指数滞后 1 个月与青海省各分区的干旱为正相关关系。其中，与 24.5%的站点干旱的正相关关系通过了显著性水平的检验，主要集中在青海湖流域、湟水流域、黄河流域。青海湖流域共和站、兴海站、贵南站干旱与 AO 指数滞后 1 个月的正相关显著性水平为 0.01（$\gamma_{AO-共和站}=0.122$，$\gamma_{AO-兴海站}=0.150$，$\gamma_{AO-贵南站}=0.173$），AO 指数滞后 1 个月与湟水流域西宁站干旱正相关显著性水平为 0.05（$\gamma_{AO-西宁站}=0.098$），与黄河流域河南站、久治站正相关显著性水平为 0.01（$\gamma_{AO-河南站}=0.141$，$\gamma_{AO-久治站}=0.123$）；与同仁站、玛沁站、班玛站的正相关显著性水平为 0.05（$\gamma_{AO-同仁站}=0.100$，$\gamma_{AO-玛沁站}=0.117$，$\gamma_{AO-班玛站}=0.098$）。

NAO 指数滞后 7 个月仅与黄河流域久治站干旱为负相关关系，且未通过显著性水平检验（$\gamma_{NAO-久治站}=-0.027$），与青海大部分地区干旱呈正相关关系，通过正相关关系的显著性水平检验的站点比例为 39.1%，主要分布在青海湖流域、湟水流域、黄河流域。湟水流域民和站，青海湖流域共和站、贵德站、贵南站、兴海站，黄河流域同仁站的干旱与 NAO 滞后 7 个月的正相关显著性水平为 0.01（$\gamma_{NAO-民和站}=0.128$；$\gamma_{NAO-共和站}=0.180$，$\gamma_{NAO-贵德站}=0.135$，$\gamma_{NAO-贵南站}=0.152$，$\gamma_{NAO-兴海站}=0.150$，湟水流域西宁站，黄河流域玛多站、玛沁站的干旱与 NAO 滞后 7 个月的正相关显著性水平为 0.05（$\gamma_{NAO-西宁站}=0.108$，$\gamma_{NAO-玛多站}=0.100$，$\gamma_{NAO-玛沁站}=0.106$，$\gamma_{NAO-同仁站}=0.125$）。

PDO 指数滞后 5 个月与青海省 12.5%的站点干旱为正相关关系，并未通过显著性检验，87.5%的站点干旱为负相关关系，通过了负相关关系的显著性水平检验的站点比例为 52.6%，主要分布在柴达木盆地、青海湖流域、湟水流域、长江流域、黄河流域、澜沧江流域。除杂多站、曲麻莱站干旱与 PDO 滞后 5 个月的负相关显著性水平为 0.05（$\gamma_{PDO-杂多站}=-0.100$，$\gamma_{PDO-曲麻莱站}=-0.092$）柴达木盆地小灶火站、格尔木站、诺木洪站，青海湖流域贵德站、共和站，湟水流域民和站，黄河流域同仁站、玛多站与 PDO 滞后 5 个月的负相关显著性水平为 0.01（$\gamma_{PDO-小灶火站}=-0.254$，$\gamma_{PDO-格尔木站}=-0.223$，$\gamma_{PDO-诺木洪站}=-0.236$，$\gamma_{NAO-贵德站}=-0.215$，$\gamma_{NAO-共和站}=-0.136$，$\gamma_{PDO-民和站}=-0.185$，$\gamma_{AO-同仁站}=-0.180$，$\gamma_{PDO-玛多站}=-0.147$）。

ENSO 滞后 11 个月与青海省 91.6%的站点干旱呈负相关关系，其中 22.7%的站点干旱负相关关系通过了显著性检验。长江流域五道梁站、玉树站，黄河流域达日站，青海湖流域贵南站干旱与 ENSO 滞后 11 个月的负相关显著性为 0.05（$\gamma_{ENSO-五道梁站}=-0.105$，$\gamma_{ENSO-玉树站}=-0.110$，$\gamma_{ENSO-达日站}=-0.103$，$\gamma_{ENSO-贵南站}=-0.105$），黄河流域玛多站干旱与 ENSO 滞后 11 个月的负相关显著性为 0.01($\gamma_{\text{ENSO-玛多站}}=-0.127$)。

　　春季柴达木盆地、长江流域的 $Z<0$，$\alpha=0.01$ 或 $\alpha=0.05$，干旱化趋势显著。黄河流域的 $Z<0$，$\alpha=0.1$，呈干旱化趋势。青海湖流域的 $Z>0$，$\alpha=0.01$，湿润化趋势显著。夏季柴达木盆地、长江流域的 $Z<0$，$\alpha=0.01$ 或 $\alpha=0.05$，干旱化趋势显著。黄河流域的 $Z<0$，$\alpha=0.1$，呈现干旱化趋势。青海湖流域的 $Z>0$，$\alpha=0.01$，湿润化趋势显著。秋季柴达木盆地、长江流域的 $Z<0$，$\alpha=0.01$ 或 $\alpha=0.05$，干旱化趋势显著。青海湖流域的 $Z>0$，$\alpha=0.1$，呈湿润化趋势。冬季三江源流域和青海湖流域的干旱化趋势显著（$Z<0$，$\alpha=0.01$ 或 $\alpha=0.05$），其中久治站的 $Z>0$，$\alpha=0.1$，呈湿润化趋势。在年际尺度上，柴达木盆地的 $Z<0$，$\alpha=0.01$ 或 $\alpha=0.05$，干旱化趋势显著，三江源流域的 $Z<0$，$\alpha=0.1$，呈现干旱化趋势。青海湖流域的 $Z>0$，$\alpha=0.01$，湿润化趋势显著。

　　PDO 滞后 5 个月对青海省 52.6% 的站点的干旱影响最广泛，与青海湖流域、三江源流域、湟水流域干旱呈负相关关系。NAO 滞后 7 个月与青海省 39.1% 的站点干旱为显著正相关关系，站点集中在青海湖流域、湟水流域、黄河流域。AO 滞后 1 个月与青海省 24.5% 的站点呈显著正相关关系，站点主要分布在青海湖流域、湟水流域、黄河流域。ENSO 对青海省的干旱影响较弱，ENSO 滞后 11 个月与青海省 22.7% 的站点干旱为负相关，站点主要集中在三江源流域。

第5章 巴音河流域气象干旱与
水文干旱的演进关系研究

5.1 研究区概况

巴音河流域地处柴达木盆地东北部德令哈市,位于 36°53′~38°11′N,96°29′~98°08′E 之间。发源于祁连山支脉野牛脊山,流域总面积达 17 608 km²,河流长约 320 km,海拔为 5 000 m(甘小莉等,2014)。属于高原荒漠半荒漠气候区,夏季温暖干燥,最热月平均气温为 16.7 ℃,极端高温可达 33.1 ℃,年均温为 4.0 ℃;日照丰富,年日照时长为 3 127.9 h,年蒸发量 2 102.1 mm;无霜期为 84~99 d(严应存等,2012)。水资源极度缺乏,年平均降水量 182.3 mm,主要以暴雨形式在 7~9 月形成降水。流域地势为北高南低,地区降水差异性比较大,北部高山区的降水 200 mm 以上,而南部平原区降雨量只有 50~150 mm。巴音河是流域最大的内陆河,是该区域居民生活、生产以及生态用水的主要来源,径流对该地区的影响尤为重要。随着全球气候变暖以及流域内人类活动的影响,巴音河流域干旱问题日益突显,湖泊及湿地面积减小,地下水位上升等一系列问题相继诱发(文广超等,2018a)。鉴于这些问题,在巴音河流域干旱初现阶段采取措施防止气象干旱进一步发展为水文干旱具有重要的现实意义。图 5-1 为巴音河流域地理位置和水系图。

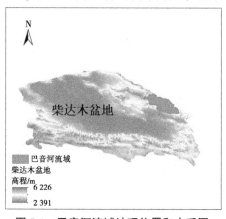

图 5-1 巴音河流域地理位置和水系图

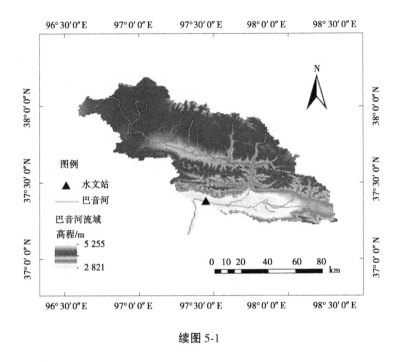

续图 5-1

5.2 研究方法与数据

5.2.1 研究方法

5.2.1.1 标准化降水指数

标准化降水指数(standardized precipitation index,SPI)是 Mckee 等在 1993 年提出的(张强等,2004),SPI 计算简单,且具有多种时间尺度,是干旱研究中广泛采用的指标。SPI 反映降雨量出现的概率,当 SPI 为正值时表示降水量偏多,而当 SPI 出现负值时表示降水量偏少。可以通过 SPI 负值的大小来确定干旱的严重程度,SPI 值越小代表干旱严重程度越高。SPI 计算公式可以表示为(马岚,2019):

将一定时间段内的降水量设为 x,则 Gamma 分布的概率密度函数的公式为

$$g(x) = \frac{1}{\beta^\alpha \Gamma(\alpha) x} x^{\alpha-1} e^{-x/\beta} \quad (x > 0) \tag{5-1}$$

$$\Gamma(\alpha) = \int_0^\infty y^{\alpha-1} e^{-y} dy \tag{5-2}$$

式中:α 为形状参数;β 为尺度参数;$\Gamma(\alpha)$ 为伽马函数;y 表示降水量[为与式(5-1)区分写作 y]。

α 和 β 值可以运用极大似然法进行估算:

$$\alpha = \frac{1 + \sqrt{1 + 4A/3}}{4A} \tag{5-3}$$

式中:A 为极大似然后算函数。

$$\beta = \frac{\bar{x}}{\alpha} \tag{5-4}$$

$$A = \ln(\bar{x}) - \frac{\sum_{i=1}^n \ln(x_i)}{m} \tag{5-5}$$

在 Gamma 函数的计算中不考虑 $x=0$ 的情况,由降水量值中的非零项计算均值。设降水序列的长度为 n,为零的项数为 m,令 $q=m/n$,则一定时间尺度下的累计概率计算公式可以表示为

$$H(x) = (1-q)G(x) \tag{5-6}$$

式中:$G(x)$ 为概率分布函数,$G(x) = \int_0^x g(w)dw = \frac{1}{\Gamma(\alpha)} \int_0^{x/\beta} t^{\alpha-1} e^{-t} dt$,$t$ 为降水量。

相应的 SPI 值可以由累计概率 $H(x)$ 转变成标准正态分布得到:

当 $0 < H(x) \le 0.5$ 时,令 $k = \sqrt{\ln \frac{1}{H(x)^2}}$,则

$$\text{SPI} = -\left(k - \frac{c_0 + c_1 k + c_2 k^2}{d_1 k + d_2 k^2 + d_3 k^3 + 1} \right) \tag{5-7}$$

当 $0.5 < H(x) < 1$ 时,令 $k = \sqrt{\ln \frac{1}{[1-H(x)]^2}}$,则

$$\text{SPI} = k - \frac{c_0 + c_1 k + c_2 k^2}{d_1 k + d_2 k^2 + d_3 k^3 + 1} \tag{5-8}$$

以上公式中,常数 c_0、c_1、c_2、d_1、d_2、d_3 的值分别为 2.515 517、0.802 853、0.010 328、1.432 788、0.189 269 和 0.001 308。气象干旱指数等级划分见表 5-1。

表 5-1 干旱指数等级划分

SPI/SRI	干旱等级
≤-2	特旱
-2～-1.5	重旱
-1.5～-1.0	中旱
-1.0～-0.5	轻旱
>0.5	无旱

5.2.1.2 标准化径流指数

标准化径流指数(standardized runoff index,SRI)(Shukla 等,2008b)在2008 年由 Shukla 等提出,该指数参照标准化降水指数的概念,可以表示流域径流量出现的概率。当出现正值时说明径流量偏多,当出现负值时说明该时段径流量偏少。该指数不仅计算简单,还可以进行 1 月、3 月、6 月、12 月等多种不同时间尺度分析,并在地势复杂、资料缺乏地区具有适用性,SRI 的计算方法与 SPI 类似(吴杰峰等,2016),具体计算方法如下,划分标准见表 5-1。

设一定时间段的径流量 x 符合 T 分布概率密度函数 $f(x)$:

$$f(x) = \frac{1}{\gamma T(\beta)} x^{\beta-1} e^{-x/\lambda} \quad (x > 0) \tag{5-9}$$

式中:γ、β 分别为尺度参数和形状参数。

γ、β 可运用极大似然法进行计算,一定时间尺度的径流量 x 的累积概率可以表示为

$$f(x) = \int_0^x f(x) \, \mathrm{d}x \tag{5-10}$$

SRI 可对 T 分布概率进行正态标准化得出:

$$\mathrm{SRI} = S \frac{t + c_0 - c_1 t - c_2 t^2}{d_1 t + d_2 t^2 + d_3 t^3 + 1} \tag{5-11}$$

$$k = \sqrt{2\ln F} \tag{5-12}$$

S 为正态标准压时负值的系数,取 ± 1;F 为随机小于 x_0 的概率。当 $F > 0.5$ 时,$S = 1$;当 $F \leq 0.5$ 时,$S = -1$,其中 $c_0 = 2.515\ 517$,$c_1 = 0.802\ 385\ 3$,$c_2 = 0.010\ 328$,$d_1 = 1.432\ 788$,$d_2 = 0.189\ 269$,$d_3 = 0.001\ 308$。

5.2.1.3 游程理论

游程理论(V,1969)适用于干旱特征的提取,确定一种干旱指数之后,在合适的时间尺度,可以识别干旱历时、干旱烈度等。干旱事件识别过程中,其

阈值一般是依据干旱严重程度等级划分标准确定,当干旱指数值小于阈值时,呈现负游程,表示发生一次干旱,游程长度即代表干旱历时,表示干旱从开始到结束的时间长度;该时间段内负游程出现的面积代表干旱烈度,一次干旱发生的严重程度可通过干旱烈度来衡量。干旱持续时间较长且发展过程缓慢,因此在受到临时性降水等不确定因素影响时,一场干旱期内有可能会出现若干个"子干旱"事件,两个看似独立的干旱事件,但实际上它们属于同一场干旱事件(冯平等,1999)。当出现这种情况,干旱事件的历时和烈度由初始至末尾"子干旱"的历时与烈度之和确定。

5.2.1.4 Mann-Kendall 趋势检验法

Mann-Kendall 趋势检验法(Burn 等,2002)可以识别一组数据的变化趋势及其突变情况。Mann-Kendall 趋势检验法的优势在于不受时间序列中异常值的干扰,序列不必具有相同的概率分布,只需满足水文数据偏态,在水资源领域应用广泛(章诞武等,2013)。Mann-Kendall 趋势检验法计算(张海荣等,2015)如下。

待检序列的统计量 S 表示为

$$S = \sum_{k=1}^{n-1} \sum_{j=k+1}^{n} \mathrm{sgn}(X_j - X_k) \tag{5-13}$$

式中:X_k 和 X_j 为时间序列对应的年份数据;n 为时间序列的长度;$\mathrm{sgn}(X_j - X_k)$ 为符号函数。

当 $X_j = X_k$ 时,sgn 值为 0;当 $X_j > X_k$ 时,sgn 值为 1;当 $X_j < X_k$ 时,sgn 值为 -1。

若 $n \geqslant 10$,则待检序列统计量 S 近似于正态分布,期望和方差表示如下:

$$E(S) = 0 \tag{5-14}$$

$$\mathrm{Var}(S) = n(n-1)(2n+5)/18 \tag{5-15}$$

标准化的检验统计量 Z 可由下列公式计算:

$$Z = \begin{cases} \dfrac{S-1}{\sqrt{\mathrm{Var}(S)}} & S > 0 \\ 0 & S = 0 \\ \dfrac{S+1}{\sqrt{\mathrm{Var}(S)}} & S < 0 \end{cases} \tag{5-16}$$

Z 满足标准正态分布,若 $Z > 0$,则定义序列为上升趋势;若 $Z < 0$,序列则为下降趋势。对于给定的显著性水平 α,若 $|Z| \geqslant Z_{1-\alpha/2}$,则说明序列上升或下降趋势显著。

5.2.2 研究数据

巴音河流域气象水文站点匮乏,研究选择位于流域的出口处,具有一定的代表性的德令哈站。降水数据为德令哈气象站 1961~2019 年逐月降水数据;径流数据为德令哈水文站逐月径流数据,覆盖了 1961~2019 年这段时期,计算所得到的数据在整个流域内具有合理性。

5.3 气象干旱特征

5.3.1 气象干旱的时间变化特征

基于流域 1961~2019 年逐月降水量进行气象干旱分析,研究采用 1、3、6、9、12 个月共 5 种时间尺度计算标准化降水指数(SPI)。("SPI1"表示 1 个月尺度 SPI,以此类推)。巴音河流域气象干旱指标变化过程如图 5-2 所示。

结果显示,流域不同时间尺度下的 SPI 值都有明显差异,波动幅度明显不同,但干旱趋势大致相同。1 个月尺度的 SPI 值反映每月降水的变化,可以更准确地表示气象干湿情况;3 个月尺度的 SPI 值受到季节性的降水变化影响;12 个月的 SPI 值则反映出长期的气象干旱情况,受年平均降水的影响。1 个月尺度(SPI1)的波动最强,随着时间尺度的增大,波动起伏减缓。说明时间尺度越小,SPI 对气象干旱的反应越强烈。

根据巴音河流域气象干旱指数可以得出 20 世纪 60 年代 SPI 值普遍在 -1~-2,呈中度干旱到重度干旱状态。这段时期,巴音河流域水资源处于长期干旱状态,干旱持续时间长,旱情较为严重;20 世纪 70 年代 SPI 值除 1977 年干旱指数为正值外,其余大部分年份都为负值,处于干旱频发生状态;在 20 世纪 80 年代和 90 年代,干旱与湿润交替出现,干旱指数 SPI 值显示这段时间发生的大部分干旱程度较轻,仅在 1995 年发生了较为严重的干旱。对于整个巴音河流域,2002 年以后 SPI 干旱指数大于 0 的年份明显增多,这说明进入 21 世纪巴音河流域降水呈增多趋势,处于较为湿润的状态。巴音河流域湿润化的趋势与全球变暖引起的气温升高与蒸散发加剧关系密切,水循环速度加快使降水量也呈上升趋势(施雅风等,2002)。此外,还有一些研究表明大气环流是西北地区干湿变化的重要原因,Peng 等的研究认为亚洲副热带西风急流的南向位移引起西北地区上空正涡度平流发生异常,造成气旋上升运动,使区域降水增多(Dongdong 等,2017)。Li 等的研究则认为北美副热带高压以

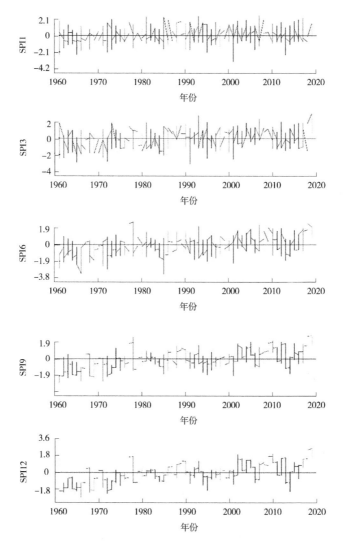

图 5-2 巴音河流域气象干旱指标变化过程

及西伯利亚高压是引起西北地区降水量增多的主要因素(Li 等, 2016)。

5.3.2 气象干旱趋势特征

巴音河流域气象干旱变化趋势采用 Mann-Kendall 检验法分析。依据德令哈气象站 1961~2019 年的月降水数据,计算 SPI,进而计算检验统计量 Z 并进行趋势分析。定义 90% 的显著性水平上的趋势为显著所得结果的绝对值大于 1.64,若所得结果的绝对值大于 1.96,则定义为在 95% 的显著性水平上的趋势为显著;计算为负值说明为变干趋势,正值则代表变湿趋势。

利用 Mann-Kendall 趋势检验法对巴音河流域的 SPI1 进行分析,计算得到 SPI1 的检验统计量 $Z = 5.2114$,在 $\alpha = 0.05$ 的显著性水平下,$|Z| > Z_{1-\alpha/2} = 1.64$。结果如图 5-3 所示:标准化降水指数 SPI1 的检验统计量 Z 值为正值,整体呈现变湿趋势,并且标准化降水指数 SPI1 的检验统计量 Z 值超过了 1.64,表明变湿趋势明显;进一步对巴音河流域 SPI 序列进行 Mann-Kendall 突变检测,在 1961~2019 年间,大多数年份的 SPI1 序列的 UF 值大于 0,UF 曲线整体呈波动上升趋势,UF、UB 曲线于 1985 年相交,SPI1 在 1985 年发生显著突变,干旱指数为正值的年份明显增多。

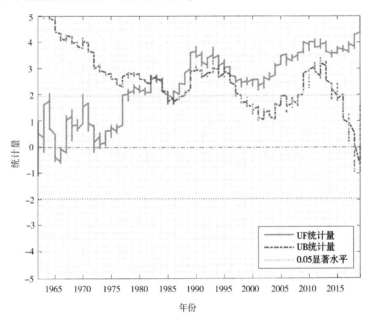

图 5-3 巴音河流域 SPI 序列 Mann-Kendall 突变检测

5.4 水文干旱特征

5.4.1 水文干旱的时间变化特征

基于 1961~2019 年逐月径流量进行水文干旱分析,同样使用 1、3、6、9、12 个月共 5 种时间尺度计算 SRI。巴音河流域水文干旱指标变化过程如图 5-4 所示。

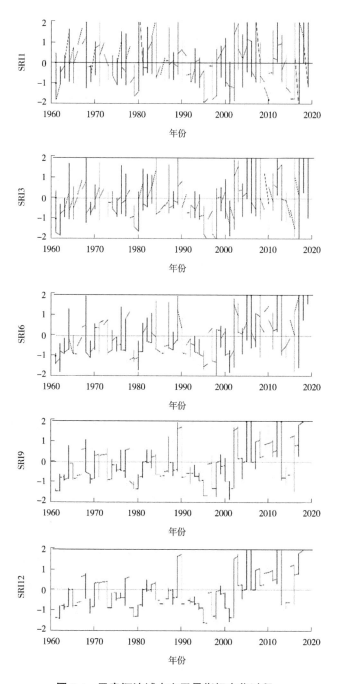

图 5-4　巴音河流域水文干旱指标变化过程

所得结果具有与气象干旱相似的特征,巴音河流域不同时间尺度下的 SRI 值同样存在差异,波动幅度明显不同,但干旱趋势大致相同。1 个月尺度的 SRI 值由于受每月径流变化影响,可以较好地反映水文干湿情况;3 个月尺度的 SRI 值会受季节性降水和径流变化影响;12 个月的 SRI 值表示长期的水文干旱情况,受年平均径流的影响。SRI1 的波动最强,表现出时间尺度越小,SRI 对水文干旱的反应越强烈。

分析 SRI 可得,巴音河流域在 20 世纪 60 年代至 80 年代呈现旱涝交替现象,但干旱年份居多;20 世纪 90 年代区域总体表现为干旱频发;20 世纪 90 年代至 21 世纪初期 SRI 值普遍在 $-2 \sim -1$,呈中度干旱到重度干旱状态。这时间段内,巴音河流域水资源处于长期干旱状态,干旱持续时间长,旱情较为严重。整个巴音河流域在进入 21 世纪后干旱指数 SRI 大多数年份为正值,表示这段时期巴音河流域水资源较为丰富,处于湿润状态,干旱程度呈现减弱态势。

5.4.2 水文干旱趋势特征

水文干旱的趋势性依然选用 Mann-Kendall 趋势检验法来分析。根据 1961~2019 年间的径流数据,计算标准化径流指数,之后计算检验统计量 Z,判断标准同 SPI。

对巴音河流域 SRI1 进行 Mann-Kendall 趋势检验法分析得到 SPI1 的检验统计量 $Z = 1.3595$,在 $\alpha = 0.05$ 的显著性水平下,$|Z| > Z_{1-\alpha/2} = 1.64$。结果如图 5-5 所示:标准化径流指数 SRI1 的检验统计量 Z 值为正值,整体呈现变湿趋势,然而标准化径流指数 SRI1 的检验统计量 Z 值小于 1.64,表明径流指数虽然有变湿的趋势,但这种趋势并不明显。对 1961~2019 年间的水文干旱指数 SRI1 做突变检验,由图 5-5 可知 UF、UB 曲线波动幅度较大,没有明显的上升趋势,进一步使用 Pettitt 突变点检验,结果显示序列的突变年份为 2002 年,表示从 2002 年开始序列值显著上升,变湿趋势加剧。21 世纪后流域径流量增多,水文干旱减缓一方面与流域水循环加快,降水增多使得径流量也有一定程度的增多;另一方面,全球变暖造成冰川消融,雪线升高,高山冰雪融水对径流量的增加也有一定的贡献。

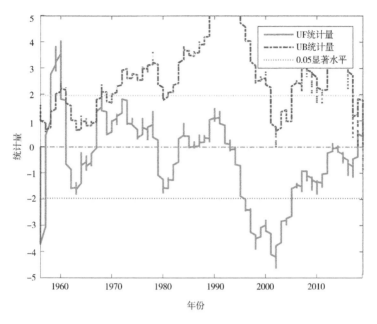

图 5-5 巴音河流域 SRI 序列 Mann-Kendall 突变检测

5.5 水文干旱与气象干旱对比分析

将 SRI12 与 SPI12 进行对比分析,1961～2019 年发生水文干旱时长 191 个月,发生气象干旱时长 231 个月,表明发生水文干旱的可能性与气象干旱相比较小,若气象干旱严重程度较低,水文干旱可能不会发生,且水文干旱相对于气象干旱具有延迟特征。

由图 5-6 可以看出,1961～1975 年期间,气象干旱的发生频率以及发生的严重程度均大于水文干旱,气象干旱多为中旱到重旱,水文干旱多为轻旱。其中,1966 年、1972 年气象干旱曾达到特旱程度,而水文干旱最大程度为中旱等级。1975～2002 年,气象干旱和水文干旱的严重等级均有所降低,且这段时期水文干旱的发生频率及严重程度都要大于气象干旱,水文干旱持续时间较长。2002～2019 年,这段时间气象干旱和水文干旱很少发生,湿润程度显著增加,仅在 2006 年和 2014 年发生中度气象干旱,在 2015 年发生轻度水文干旱。

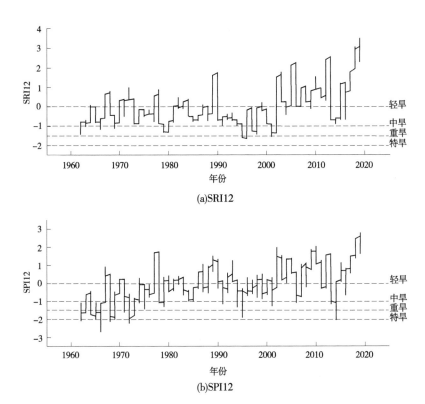

(a)SRI12

(b)SPI12

图 5-6 巴音河流域 12 个月尺度 SRI 与 SPI 序列的比较

5.6 水文干旱对气象干旱的响应

通过对不同时间尺度巴音河流域的 SRI 和 SPI 做相关性分析,计算结果如表 5-2 所示:不同时间尺度的 SRI 与 SPI 的相关系数分别为 0.22、0.30、0.47 和 0.66,气象干旱和水文干旱指数随着时间尺度的增大其相关性逐渐增强, 12 个月尺度的相关性最强。

表 5-2 巴音河流域不同时间尺度的 SRI 与 SPI 的相关性

时间尺度	1	3	6	12
相关系数	0.22	0.30	0.47	0.66

对 1961~2019 年 SRI12 与 SPI12 序列取同期、滞后 1 个月、滞后 2 个

月、…、滞后 11 个月的时间梯度,计算相关系数并进行相关性分析,取最大相关系数所对应的时间梯度作为 SRI 与 SPI 的滞后时间。巴音河流域不同时间尺度的 SRI 与 SPI 的相关性如表 5-2 所示,研究表明,同期至滞后 11 个月的序列相关系数分别是 0.659、0.682、0.682、0.672、0.656、0.639、0.621、0.600、0.577、0.552、0.523 和 0.480,可以看到最大相关系数出现在滞后 1~2 个月的时间尺度上为 0.682,表明巴音河流域水文干旱对气象干旱的响应在滞后 1~2 个月的时候最为敏感。

巴音河流域干旱传播的季节性同样值得关注,水文干旱对气象干旱的季节性响应研究结合巴音河流域的季节特征与气象干旱向水文干旱传播的 SPIn 和 SRI1 之间的 Person 相关性综合进行分析。根据图 5-7 反映的结果,春季(3~5 月)水文干旱指数与 SPI5 相关性最强($r = 0.24$),结合巴音河流域的季节特征,春季气温回升,冰雪消融,增加的地表水会通过土壤下渗形成土壤水、潜流和地下水,加之春季植物生长,用水需求上升,因而使产生径流的水量减少。气象干旱向水文干旱响应时间也会较短,5 个月的气象干旱向水文干旱传播时间具有合理性。夏季(6~8 月)水文干旱指数与 SPI6 相关性显著($r = 0.72$),并且流域夏季高温炎热,易受高强度降水的影响,使流域的土壤湿度较高,较大的地形坡度也容易形成地表径流,但同时随着高温天气的增多,流域蒸散发也加剧,植被蒸腾作用增强了水量消耗;夏季农业生产的用水量也较大。此外,径流的变化主要依赖于降水,降水一旦出现了不足更加容易引起水文干旱的发生,这与相关性热图反映的夏季 6 个月的传播时间也有一致性。秋季(9~11 月)水文干旱指数与 SPI9 相关性显著($r = 0.64$),秋季温度开始降低,流域的蒸散发量也减少,随着浅层土壤中储存的水分逐渐被耗尽,导致流域水文干旱对气象干旱的响应延迟。冬季(12 月至翌年 2 月)与其他季节相比,与 SPI8 相关性较强($r = 0.33$),冬季由于积雪的产生,冬季的蒸发量最小,地下水补给以降水为主补给源单一、补给能力较差,使冬季气象干旱向水文干旱的传播时间相对较长。

总体上说,气象干旱指数 SPIn 与水文干旱指数 SRI1 在雨季的相关性强度明显高于旱季。巴音河流域降水集中于雨季,对河流流量的补充具有重要影响,而在旱季,随着气温的降低,蒸散发也随之减弱,使得水循环过程放缓,干旱传播的时间延长。表 5-3 中 SPIn 和 SRI1 的最大相关系数反映的气象干旱向水文干旱的传播时长与流域的季节特性具有一致性,水文干旱对气象干旱的响应在春季和夏季短于在秋季和冬季的响应时间。

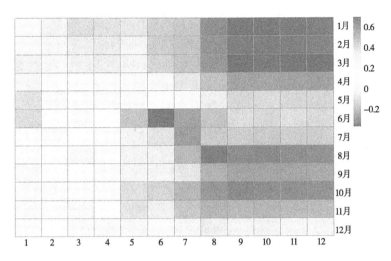

图 5-7 巴音河流域不同时间尺度 SPI 与 SRI1 序列的相关性

表 5-3 巴音河流域不同季节气象干旱向水文干旱的传播时间

项目	春季	夏季	秋季	冬季
传播时间/月	5	6	9	8
相关系数	0.24	0.72	0.64	0.33

在指标的选取上,SPI 被普遍应用于干旱分析中,具有较强的可靠性。此外,SPI 与其他干旱指数相比计算虽简单,但却在干旱预警和干旱灾害控制方面具有很好的效果(Liu 等,2012)。SRI 是一种标准化的指数,区域偏差被最小化,可以表征流域的水文特征,并且可以计算不同时间尺度的水文干旱状况,能够反映由于季节变化而引起的干旱滞后问题。已有研究表明德令哈地区的气候表现出暖湿化趋势(施雅风等,2003),这与本研究的结论具有一致性,气温升高引起高山冰雪融化,使巴音河流域的径流量呈现上升趋势。西北地区的黑河(程建忠等,2017)、疏勒河(李计生等,2015)等流域上游的径流量从 20 世纪 50 年代起都呈增加趋势,巴音河流域的径流量也具有相似的变化趋势,径流量的增多可能与西北地区在近些年的暖湿化趋势相关(Li 等,2016)。文广超(2018b)等研究了巴音河流域气候变化和人类活动对上游径流量的影响,通过累积量斜率变化率方法,在不考虑其他因素影响时降水量对年径流量增加的贡献率达到 83.06%,而人类活动对年径流量增加的贡献率占 16.94%,表明人类活动对巴音河上游年径流变化的影响相对较小。

研究采用 SPI 和 SRI 对巴音河流域 1961~2019 年气象干旱和水文干旱的

演变特征及其趋势进行分析,并对水文干旱对气象干旱的响应进行探析,得到流域 20 世纪 60 年代的气象干旱形势最为严峻,总体表现出中度—重度干旱;1985 年气象干旱发生突变,该年之后,流域湿润年份明显增多。流域水文干旱在 20 世纪 90 年代较为严重,呈现出中度—重度干旱状态;21 世纪以来流域极少发生水文干旱。Mann-Kendall 趋势检验结果显示流域水文干旱的突变点为 2002 年,表示从 2002 年开始呈现水文湿润状态的年份增多。巴音河流域水文干旱与气象干旱在 12 个月尺度上相关性最强,对 12 个月尺度的气象干旱指数与水文干旱指数进行时滞互相关分析,得到水文干旱滞后于气象干旱 1~2 个月;水文干旱对气象干旱的季节性响应表现出雨季的相关性强度高于旱季,水文干旱在春季对气象干旱的响应最为迅速,水文干旱对气象干旱的响应在春、夏季快于秋、冬季。

考虑到气温的持续上升,未来蒸散发等必将成为不可忽略的部分,而 SPI、SRI 并未将这些考虑进去。另外,随着水利工程的逐步完善与运行,未来人类活动的影响也将加剧对流域水循环的影响。因此,从生态和社会经济角度选择综合干旱指数,进行多因子综合分析,对日益复杂的水文过程进行合理模拟,以提供更完善的干旱风险评价将成为流域水文研究的方向。

第6章 香日德河分布式水文模型构建

6.1 研究区概况

6.1.1 地形及气候概况

香日德河为内流河,属北霍逊湖水系,位于青海省中部、柴达木盆地东南部,是柴达木盆地的主要河流之一。香日德河发源于昆仑山脉布尔汗布达山,河源海拔 4 846 m。从河源出发分东、西两支,东支有面积达 253 km² 的湖泊托索湖(冬给措纳湖),现已建闸控制,托索湖以下至与西支汇合处为托索河;西支河源的天然湖泊阿拉克湖面积为 73 km²,阿拉克湖以下为红水川。红水川与托索河汇合后始称香日德河,出山口后逐渐隐没地下,在香日德农场下游小夏滩完全干涸,香日德河总长 250 km。河水转换的地下水在潜流 20 km 后在小柴旦附近又开始溢出地面并汇集成河,该河称巴彦河,即柴达木河。柴达木河最终汇入柴达木盆地底部的霍布逊湖。流域地处封闭的内陆断陷盆地——柴达木盆地东南,远离海洋,四周高山环绕,平均海拔在 4 000 m 以上;光照丰富,温度日变化大,高寒干旱,风大风多,终年干燥少雨,属于大陆性气候。多年平均气温为 3.1~4.4 ℃,气温以 1 月最低为 -11.6~-10.1 ℃,以 7 月最高为 15.6~17.3 ℃,年较差 26.1~28.0 ℃。香日德日较差达 13 ℃,极端最高气温 33.2 ℃,极端最低气温为 -26.6 ℃。日最低温度大于 0 ℃ 的最长无霜期 127 d,保证率 80% 的无霜期为 89~109 d。香日德灌区大风天数为 20.4 d,最多年份达 50 d,大风多集中在 3~5 月,最大风速达 24.7 m/s,最大冻土深 166 cm。

6.1.2 植被概况

香日德河流域的植被属荒漠半荒漠植被,旱生和盐生是盆地植物突出的生态特性。植物叶面缩小或退化,根系发达且具深限性,植株矮小,多呈丛生状,并且多具有泌盐功能,以适应极度干旱和土壤盐渍化生态环境。植物群落结构简单,组成种类少,植物稀疏,常由单种或 3~4 种植物构成单层空间结构的群落。在流域的大部分地段上，植物非常稀疏，尤其在盐滩和戈壁上，矮小的灌木或小灌木彼此相距 1~2 m，甚至 10 余 m，地上部分难以见到成层结构；只有极少数草本或半灌木有时生长在一株较大的灌木下。沼泽地、砾石戈壁和细沙土地段，植物生长相对密集，略显层次，但植被结构仍较简单。相对于流域盆地底部和面向盆地的山坡，无植被的盐碱戈壁滩、盐壳、石质山地、流动沙丘占流域面积的一半以上。流域内多数植被类型的覆盖度很小，其中森林植被的覆盖度不超过 30%，为稀疏林；荒漠植被的覆盖度平均只有 17.7%；荒漠草原的覆盖度 35%；草原植被的覆盖度也只有 55%，虽然草甸和沼泽植被的覆盖度可达 75% 以上，但其面积不大，两种类型只占植被面积的 0.19%。

受气候和土壤以及地形地貌和成土母质的影响，当地植被有显著地域分布特征。自昆仑山麓向北，按戈壁带—砾石细土带—红柳沙丘带—盐化细土带—季节性沼泽带—沼泽带，成盆形或扇形分布，并以上述顺序分别为砾石灰棕漠土、砾石灰棕漠土、风沙土、盐渍土、草甸土和沼泽土。由于地形平缓，从南至北其质地由粗至细；地下水埋藏深度至草甸土地带，溢出地表，土壤含盐量也随着地下水位的抬高而明显增加，最后形成现在的土壤类型及其近东西向条带状的分布特征。

6.1.3 水文概况

香日德河有两处水文站，中游设有千瓦鄂博站（98.1°E，35.8°N），控制流域面积 9 878 km²；下游设有香日德水文站（98.0°E，35.9°N），控制流域面积 12 339 km²。上游托索湖口 1956~1968 年曾设有水文站，控制流域面积 3 175 km²。两处水文站在香日德的位置如图 6-1 所示。根据千瓦鄂博水文站 1956~2016 年共 61 年的资料统计分析，其多年平均流量为 13.51 m³/s，年径流量为 4.27×10⁸ m³，年径流深 43 mm。流域多年平均降水量约 284 mm，降水多集中在 6~8 月，占全年降水量的 52.0%~61.8%，12 月至翌年 1 月降水量最少。降水量的年际变化一般以 4~5 年为一个周期，2~3 年丰水年后就开始下降，2~3 年枯水年后又开始上升。总体来说研究区降水量较小，但对柴达木盆地而言属降水相对充沛的山区。年降水量随海拔的升高而增加。一般西北部少，东南部多。因缺少香日德水文站 2003~2016 年的实测径流数据，本书研究区确定为香日德河中游千瓦鄂博水文站控制的流域范围（简称香日德河流域）。

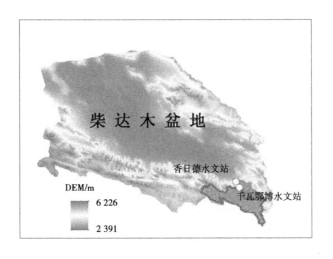

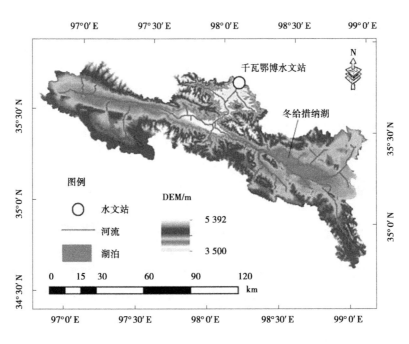

图 6-1　研究区概况

6.2 SWAT 模型及模型建立

6.2.1 SWAT 模型基本原理

SWAT(soil and water assessment tool)模型是美国农业部(United States Department of Agriculture,USDA)在20世纪90年代开发的半分布式水文模型(Arnold 等,2012)。它具有很强的物理基础,研究区可被离散为若干个水文响应单元,体现下垫面条件(地形、土壤、土地利用)对水文循环的影响从而提高模拟精度,常用于模拟和评价各种气候条件变化下的流域水文情势变化情况。适用于具有不同的土壤类型、土地利用方式和管理条件下的复杂流域,也能在资料缺乏的地区建模(Nyeko,2014;Musie 等,2019)。SWAT 模型的水文过程模拟主要分为两个主要方面:一是水文循环的陆地阶段,这部分是控制进入河道的水量、泥沙量和营养物质的输入量;二是水文循环的河道演算阶段,控制着河道中水沙和营养物质向流域出口的运移转化过程,决定着流域内主河道向出口输送的径流、泥沙和营养物质的量。在水循环过程中,水量平衡是 SWAT 水文模拟的基础,SWAT 模型中采用的水量平衡方程式如下:

$$SW_i = SW_0 + \sum_{i=1}^{t} (P_i - R_{surf} - E - W_{seep} - R_{gw}) \quad (6\text{-}1)$$

式中:SW_i 为第 i 天土壤最终含水率,mm;SW_0 为第 i 天土壤前期含水率,mm;t 为模拟的时间步长,d;P_i 为第 i 天的降雨量,mm;R_{surf} 为第 i 天地表径流量,mm;E 为第 i 天的蒸发量,mm;W_{seep} 为第 i 天存在于土壤剖面地层的渗透量和测流量,mm;R_{gw} 为第 i 天地下水含量,mm。

作为分布式水文模型,SWAT 模型在进行模拟之前,首先进行子流域和水文响应单元 HRUs 的划分。SWAT 模型首先基于 DEM 数据进行河流水系的提取,然后根据出水口和入水口的位置进行子流域划分。一般情况下,子流域的出水口和入水口都是位于河道的交叉点上。HRUs 的划分使得模型能够模拟出不同土地利用和土壤类型在蒸发、产流、下渗、营养元素流失等方面的差异,提高模拟的精确性(Arnold 等,2012)。SWAT 模型中划分的水文响应单元仅仅是用于水文计算的概念,不存在空间上的位置关系,它可以是子流域内的一个区域,也可以是子流域内具有相同土地利用和土壤类型的多个区域。对任一水文响应单元,SWAT 所考虑的各种水文运动包括冠层截留、入渗、再分配、蒸发和蒸腾、表层土壤侧向流、地表径流、径流总量、峰值、河道支流、输送损失、回归流等水文过程。SWAT 模型的水文循环过程如图 6-2 所示。

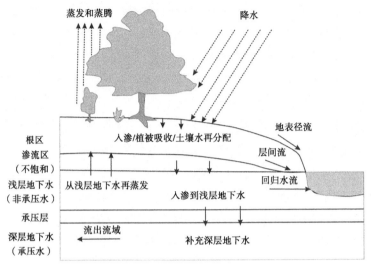

图 6-2 SWAT 模型的水文循环过程图

（1）冠层截留。当使用径流曲线数法计算表面径流时,冠层截留部分包含在地表产流计算中。如果是用 Green-Ampt 方法来计算入渗和产流,则需要单独考虑冠层截留。SWAT 允许用户输入最大叶面指数时冠层的最大蓄水能力,结合不同时期的叶面指数可以计算出生长期任一时刻的最大蓄水能力。当计算蒸发时,首先考虑冠层截留的水分蒸发。

（2）入渗。由于模型采用的计算地表产流的径流曲线数法是以日为时间步长的,因此不能直接模拟入渗。渗入土壤中的水量通过计算降雨量与地表径流之差得出。虽然利用 Green-Ampt 方法可以用于直接计算入渗量,但该方法需要更小时间单位的降水数据。

（3）土壤水分的再分配。再分配指降水在地表的入渗停止后,土壤水分的进一步运移。SWAT 模型采用储留方式来计算根系层中通过每一层土壤的水分通量。当土壤含水率超过田间持水率而下层土壤尚未达到饱和状态时,土壤水分将进一步下渗。土壤水分通量与土壤导水率有关。当某一土壤层的温度低于 0 ℃时,该层土壤中水分的再分配就停止。

（4）蒸散发。蒸散发在 SWAT 模型中主要是指地表径流向水蒸气转化的过程,包括树冠截留的水分蒸发、植物蒸腾作用、土壤水的蒸发。土壤水蒸发和植物蒸腾被分开模拟。潜在土壤蒸发由潜在蒸散发和叶面积指数估算,实际土壤水蒸发由土壤厚度和含水率的指数关系式计算,植物蒸腾由潜在蒸散发和叶面积指数的线性关系式计算。SWAT 提供了三种计算潜在蒸散发的方法：Penman-Monteith、Priestley-Taylor 和 Hargreaves。本研究选用的是 Penman-Monteith 公式。

（5）侧向流。指表层土壤中的侧向流，或来自于地表以下、地下水以上部分的径流。地表（0~2 m）土层中的侧向流与土壤水分再分配同时计算。采用动力蓄水模型来计算每一土壤层的侧向流，该模型考虑了土壤导水率、地形坡度和土壤含水率的变化。

（6）地表径流。SWAT 模型提供了两种计算地表径流量的方法：SCS 曲线（the soil conservation service curve）法和 Green-Ampt 入渗法。SCS 曲线的计算步长为日，Green-Ampt 法则需要次数据。地表径流采用美国农业部水土保持局研制的小流域设计洪水模型——SCS 模型进行模拟，它是以对美国一些小流域的降水径流关系的 20 多年研究为基础的，目前该模型在美国及其他一些国家得到了广泛的应用，在我国也有一些介绍和应用。CN（curve number）值是 SCS 曲线的主要参数，可将前期土壤湿润程度、坡度、土壤类型和土地利用现状等因素综合在一起，反映下垫面条件对产汇流过程的影响，是反映降水前流域特征的一个综合参数。SCS 曲线系数和土壤渗透性、土地利用及降雨前土壤含水率等因素有关，在 SWAT 模型用户手册中，给出了常见土地利用和土壤组合的曲线系数参考值。

（7）池塘。池塘是子流域内截获地表径流的蓄水结构。池塘被假定远离主河道，其汇流面积为整个子流域的一部分，并且没有来自上游子流域的入流。池塘蓄水量是池塘蓄水能力、日入流量和出流量、渗漏量、蒸发量的函数。计算池塘蓄水量所需要的输入数据有池塘的蓄水能力以及相应的水面面积。当实际蓄水量低于蓄水能力时，对应的水面积则通过与蓄水量的非线性函数来估算。

（8）基流。指源于地下水的河道径流，亦称回归流。SWAT 模型将地下水分为两个含水层：一个是浅层含水层，为流域内的河流基流补给；另一个是深层承压水层，为流域外的河流基流补给。通过根系层的下渗水分可分成两部分，分别补给浅层地下水和深层地下水。在极为干旱的情况下，浅层含水层中的水分可补充非饱和带土壤水分的不足，或直接被作物吸收。

6.2.2 基础地理数据

构建 SWAT 模型需要大量的基础数据用于模型输入，这些数据包括数字高程模型 DEM、土地利用类型数据、土壤类型和土壤属性数据以及气象数据库。

DEM 数据是模型进行子流域划分和水文响应单元 HRUs 生成的基础,河道的坡度、坡长和宽度等数据都是从 DEM 数据中提取的。研究所用的 DEM 数据是从地理空间数据云(http://www.gscloud.cn/)截取的 90 m 分辨率香日德河流域的数字高程模型数据集(见图 6-1)。驱动 SWAT 模型所用的土地利用类型数据(见图 6-3)是从国家青藏高原科学数据中心(https://data.tpdc.ac.cn/)下载的祁连山区域 30 m 土地覆盖分类产品数据集,用研究区的矢量图截取合适区域,选择 2010 年的土地利用图。该产品基于 Landsat 8 数据,参考 IGBP 分类系统和 FROM_LC 分类系统量图截取合适区域,选择 2010 年的土地利用图。该产品基于 Landsat 8 数据,参考 IGBP 分类系统和 FROM_LC 分类系统,共分为耕地、林地、草地、灌丛、湿地、水体、建筑用地、裸地和冰川/积雪共 9 大类,基于 Google Earth Engine 平台训练样本生成长时间序列的产品数据集。

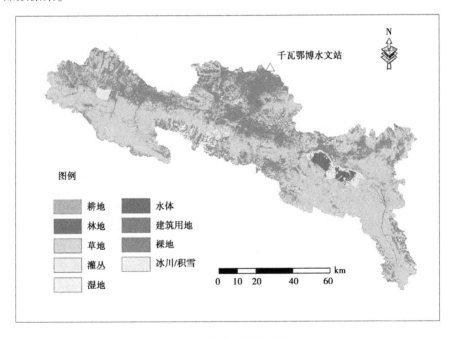

图 6-3 土地利用类型图

量图截取合适区域,选择 2010 年的土地利用图。该产品基于 Landsat 8 数据,参考 IGBP 分类系统和 FROM_LC 分类系统,共分为耕地、林地、草地、灌丛、湿地、水体、建筑用地、裸地和冰川/积雪共 9 大类,基于 Google Earth Engine 平台训练样本生成长时间序列的产品数据集。

土壤类型数据是从中国西部环境与生态科学数据中心(http://westdc.westgis. ac. cn/)下载的世界土壤数据库 HWSD(Harmonized World Soil Database)。流域内的土壤类型在短期内不会因人类活动的影响而发生改变,根据下载的 HWSD 数据在香日德河流域共分了 10 种土壤类型:钙质石质土、石灰性草甸土、泥炭沼泽土、棕草毡土、薄草毡土、寒钙土、暗寒钙土、淡冷钙土、寒冻土和水体,具体的各类土壤类型分布情况如图 6-4 所示。

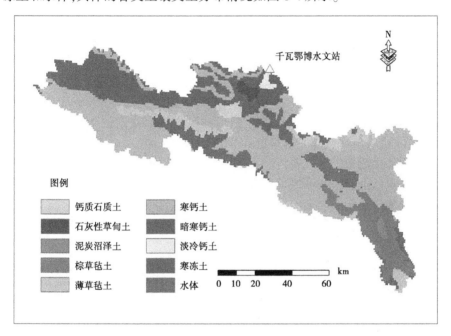

图 6-4　土壤类型图

气象数据的准备包括日降水量、最高气温、最低气温、太阳辐射、风速和相对湿度等数据的日时间序列。由于流域内无气象站点分布,使用大气再分析数据集 CMADS 提供的气象数据驱动模型。CMADS 引入中国气象局大气同化系统(CMA Land Data Assimilation System, CLDAS)数据同化技术,具有数据来源广、多尺度和多分辨率的特点。CMADS 的降水数据由多卫星和地面自动站降水融合而成(Meng 等,2018)。其中,中国区域采用 CMORPH(Climate Prediction Center Morphing Technique)产品为背景场,融合中国降水自动站观测制作的中国区域小时降水量融合产品,可提供逐日 24 h 累积降水量。除降水数据外,CMADS 还提供气温、气压、比湿、风速及辐射数据。其中,辐射数据主要以 ISCCP(International Satellite Cloud Climatology Project)资料为背景数据,基于离散坐标辐射传输模型(DISORT)对 FY2D/E 数据进行反演,从而得到格点上的地面入射太阳总辐射辐照度。其他数据是基于国家 2 421 个自动站以及业务考核的自动站地面基本气象要素逐小时观测数据。CMADS-L 可提供长时间序列的数据集,本研究使用的是 CMADS-L V1.0,空间覆盖范围包含整个东亚(0°~65°N,60°~160°E),空间分辨率 1/3°,能提供 1979~2018 年长时间范围的数据。

驱动 SWAT 模型所需的气象水文数据的不确定性对模拟结果有很大影响,特别是降水数据。MSWEP 是一套全球性降水数据集,融合了地表雨量计和多种卫星、再分析降水信息,并结合了部分径流和潜在蒸散发资料加以订正(Beck 等,2019)。研究使用的是新发布的 MSWEP V2.0,与之前版本相比,新版本更新了累积分布函数(CDF)的校正方法,具有更高的空间分辨率(0.1°),能提供 1979 年至今的 3 h 格点降水。本研究选用 MSWEP 降水数据,除降水外的其余气象数据来自 CMADS。

实测的径流数据来自霍布逊湖水系托索河千瓦鄂博水文站,从该水文站获取其站点以上流域范围的 1979~2016 年逐月实测径流数据,作为 SWAT 水文模型的率定目标。

6.2.3　子流域划分和 HRUs 生成

根据香日德河流域 DEM 数据在 ArcSWAT 2012 中设置子流域参数和出口位置,最终得到 15 个子流域(见图 6-5)。将所有栅格格式的空间数据(土地利用数据和土壤类型数据)设置统一的地图投影并填写相应的土地利用类型表和土壤属性表,通过对土地利用类型、土壤类型和坡度范围进行叠加、设定坡度等级、对 HRU 进行定义,最终将研究区划分为 66 个水文响应单元。HRUs 的划分使得模型能够模拟出不同土地利用和土壤类型在蒸发、产流、下渗、营养元素流失等方面的差异,提高模拟的精确性。SWAT 模型中划分的水文响应单元仅仅是用于水文计算的概念,不存在空间上的位置关系,它可以是子流域内的一个区域,也可以是子流域内具有相同土地利用和土壤类型的多个区域。

SWAT 模型对香日德河流域土地利用类型、土壤类型的重分类以及坡度的分类结果如图 6-6~图 6-8 所示。重分类后,香日德河流域土地利用类型分为 5 种,分别为耕地、林地、草地、水体和裸地。土壤类型被重分类为 6 种,坡度定义为 4 级。在定义 HRU 时,土地利用数据的阈值设置为 20%,土壤类型和坡度分级的阈值分别设置为 10% 和 5%。

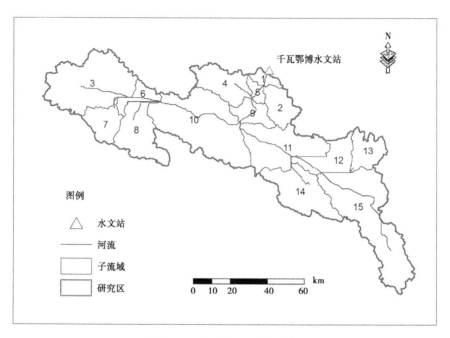

图 6-5　香日德河子流域分布

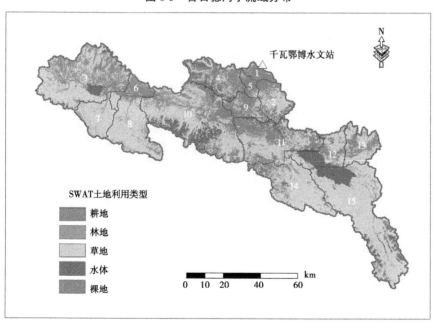

图 6-6　SWAT 模型对土地利用类型的重分类结果

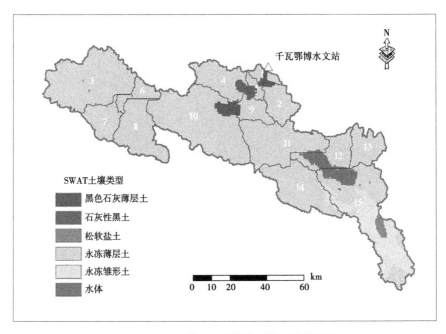

图 6-7 SWAT 模型对土壤类型的重分类结果

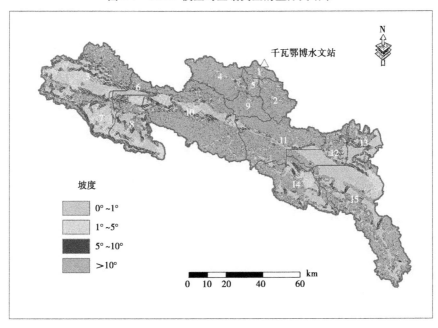

图 6-8 SWAT 模型坡度定义结果

6.3 参数率定和模型评价

SCE 算法可在初始参数的取值范围内进行参数优选,确定最优参数值,现已被广泛应用于水文模型中(Wang 等,2018)。本研究选择了 14 个常用的与水文过程相关的参数在 SCE 算法中进行参数的自动校准(见表 6-1),参数的选择基于已有研究的敏感性分析结果(Wang 等,2013;Abbaspour 等,2006)。选用纳什效率系数 NSE 和相对偏差 PBIAS 来描述模型率定期和验证期的径流模拟与实测径流的对比效果,通常当 NSE>0.50 且|PBIAS|<25%时,认为 SWAT 模型径流模拟效果是可靠的(Moriasi 等,2007)。

表 6-1 模型参数设置及初始范围

参数	含义	初始范围
CN2	初始 SCS 曲线 II	35~98
ESCO	土壤蒸发补偿系数	0.01~1
EPCO	植物吸收补偿系数	0.01~1
OV_N	地表径流曼宁系数	0.01~0.6
CH_N2	干流曼宁系数	0.01~0.5
CH_K2	径流有效水导率	0.001~150
ALPHA_BF	基流 α 系数	0.001~1
GW_DELAY	地下水延迟系数	0.0001~500
RCHRG_DP	深层含水层渗流	0.0001~1
GW_REVAP	地下水回升系数	0.02~0.2
GW_SPYLD	浅层含水层比产量	0.0001~0.4
SOL_AWC	可用水水容量	0.01~0.4
SOL_K	饱和水导率	0.01~100
SURLAG	地表径流延迟系数	0.5~12

$$\mathrm{NSE} = 1 - \frac{\sum_{i=1}^{n} (W_\mathrm{o} - W_\mathrm{p})^2}{\sum_{i=1}^{n} (W_\mathrm{o} - \overline{W}_\mathrm{o})^2} \tag{6-2}$$

$$\text{PBIAS} = \frac{\sum_{i=1}^{n} (W_o - W_p)}{\sum_{i=1}^{n} W_o} \times 100\% \qquad (6\text{-}3)$$

式中:W_p 为模拟值;W_o 为实测值;n 为实测值的个数;$\overline{W_o}$ 为实测值的平均值。

研究选取的目标函数 OBF 是以纳什效率系数 NSE 和相对偏差 PBIAS 为综合考虑的指标,可用于识别各降水产品径流模拟率定的模型参数的不同值,其计算公式如下:

$$\text{OBF} = w \cdot |1 - \text{NSE}| + (1 - w) \cdot \text{PBIAS} \qquad (6\text{-}4)$$

式中:NSE 为纳什效率系数;PBIAS 为相对偏差;w 为大小在 0 和 1 之间的权重因子(本书中取 $w = 0.5$)。OBF 的值越接近 0,则认为模型表现越好。

水文模型系统涉及大量不确定性问题,按其直接来源可分为三类:输入不确定性,即降水、蒸发等输入数据误差;参数不确定性,包括率定和观测得到的参数值误差;结构不确定性,表现为模型输出值与观测值之间的差别。选用多套降水产品可减少因降水数据本身可靠性不足导致的模型输入不确定性。参数不确定性的主要来源是模型的异参同效性,即不同的参数集可能会有相同的 OBF 值,因此需要进一步分析模型参数不确定性分析。

COFI(critical objective function index)方法用模型参数个数和实测数据序列长度来表征模型复杂性以及实测数据的可用性,基于 SCE 算法计算模型的不确定性已有很好的表现(Wang 等,2015)。将 3 套降水产品驱动 SWAT 模型的运行结果输入到 SCE 算法中,以获取使 OBF 达到各自最小值的参数集,收集 SCE 优化过程中得到的所有参数集,根据 COFI 的计算公式选出 $\text{OBF} \leqslant J_{cr}$ 的参数集并进行统计量化参数的不确定性。COFI 的计算公式如下:

$$J_{cr} = J_{opt} \cdot \left(1 + \frac{m}{n-m} F_{\alpha, m, n-m}\right) \qquad (6\text{-}5)$$

式中:J_{opt} 为各降水产品径流模拟在模型率定期优化得到的 OBF 最小值;m 为参数个数;n 为实测数据序列长度。当实测数据序列长度越长、未检出的参数个数越少时,参数的不确定性越小。

此外,我们使用非参数的 Kruskal-Wallis 检验(Breslow,1970)对 MSWEP 在不同时期的参数集进行两两检验,以检验各参数在不同时期是否存在显著差异。

6.4 香日德河水文模拟结果分析

6.4.1 径流突变点检验

为提高径流模拟结果的准确性,需要对流域水循环的各环节有整体把握。其中,水利设施的优化调度是流域水循环过程的重要一环。香日德流域东支的托索湖现已建闸控制,水库和大坝改变了径流的流速,从而影响流域河网的运动。因其人工调蓄的径流值无法获取,本节拟对水文和气候变量(实测径流、降水产品输入水文模型得到的流域平均降水)的时间序列进行突变点检验,分析其是否存在突变以及引起突变的可能原因。若水文气象要素(特别是径流)序列存在突变,则应以突变点为界,分阶段进行径流模拟,从而得到不同的背景条件下的最优参数组,提高模型模拟精度。

本研究使用 Pettitt 检验法对水文变量时间序列可能的突变点进行检测。Pettitt 是一种非参数检验法,该方法假设序列存在突变点,通过统计检验的方法识别序列均值变化的时间点,从而确定序列的突变时间(Pettitt,1979;Zhang 等,2020)。首先找出整个时间序列的一级突变点,然后以该点为界将原序列分成两个序列再检验出新的突变点,直到找出序列中的全部变点。

对实测径流的突变点检验结果如图 6-9 所示。利用 Pettitt 检验,识别出实测径流序列存在 3 个突变点,分别在 1993 年 10 月、1999 年 10 月和 2004 年 5 月。据此,我们将整个时间序列划分为 4 个时段:第一时段(P1)为 1979~1993 年,第二时段(P2)为 1993~1999 年,第三时段(P3)为 2000~2003 年,第四时段(P4)为 2004~2016 年。各时段的月径流均值分别为 16.08 m^3/s、12.87 m^3/s、8.27 m^3/s 及 14.50 m^3/s。此外,我们还对 MSWEP 降水数据在流域上的月径流序列进行突变点检验,结果表明降水序列未发生突变。

6.4.2 径流模拟和参数最优值

根据突变点检验的结果,参数率定和径流模拟将在 4 个时段分别进行。对第一时段(P1),将 1979~1980 年作为模型预热期,1981~1993 年为模型率定期;第二时段(P2)则将 1979~1993 年设置为模型预热期,1994~1999 年为模型参数率定期;第三时段(P3)的预热期为 1979~1999 年,模型率定期为 2000~2003 年;第四时段(P4)则将 1979~2003 年设置为模型预热期,2004~2016 年为模型参数率定期。

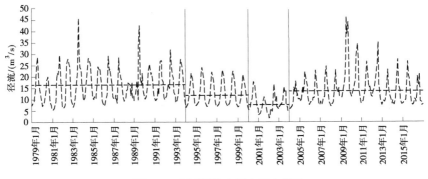

图 6-9 实测径流序列突变点检验

以 MSWEP 降水数据作为输入,驱动 SWAT 模型得到的径流模拟值与实测径流的对比情况如图 6-10 所示。从图 6-10 可以看出,在各时段模拟的径流曲线与实测的径流曲线都有较好的吻合性,但模拟的径流值较易低估洪峰流量而高估枯水期径流量。

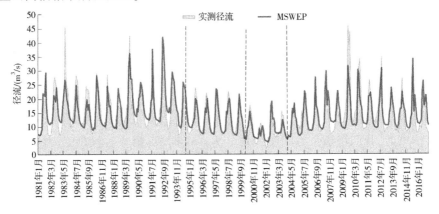

图 6-10 实测径流和模拟径流曲线

表 6-2 各时段最优参数和径流模拟表现,是 4 个时段的参数最优值以及对不同时段的径流模拟表现评估结果。总体来看,不同时段均取得了较好的径流模拟效果,纳什效率系数均大于 0.5,百分比偏差均在 1% 以内。径流模拟表现最好的是第二时段(P2),其次是第三时段(P3)、第一时段(P1),第四时段(P4)的径流模拟表现相对是最差的。

表 6-2　各时段最优参数和径流模拟表现

参数	P1	P2	P3	P4
CN2	37. 758 0	53. 928 4	52. 683 3	35. 130 2
ESCO	0. 262 1	0. 476 9	0. 471 9	0. 874 2
EPCO	0. 815 2	0. 353 2	0. 220 0	0. 779 5
OV_N	0. 539 9	0. 533 5	0. 132 1	0. 548 5
CH_N2	0. 233 3	0. 362 4	0. 348 0	0. 229 2
CH_K2	15. 429 3	22. 954 1	68. 776 8	17. 801 3
ALPHA_BF	0. 078 4	0. 104 4	0. 187 4	0. 139 9
GW_DELAY	490. 741 1	499. 908 1	499. 584 5	498. 787
RCHRG_DP	0. 509 3	0. 377 4	0. 639 4	0. 304 1
GW_REVAP	0. 122 8	0. 117 8	0. 038 7	0. 138 6
GW_SPYLD	0. 318 0	0. 166 1	0. 352 5	0. 252 0
SOL_AWC	0. 013 3	0. 014 9	0. 031 4	0. 013 9
SOL_K	29. 468 3	25. 799 3	17. 454 8	19. 581 7
SURLAG	7. 856 6	0. 595 7	5. 448 9	1. 097 5
NSE	0. 62	0. 74	0. 71	0. 59
PBIAS（%）	0. 1	0. 1	0. 1	0. 1

6.4.3　不确定性分析

率定优化后的 14 个水文参数在 4 个不同时期的不确定性分析结果及 Kruskal-Wallis 检验结果如图 6-11 所示。其中 * 表示通过显著性水平为 0.05 的显著性检验, * * 表示通过显著性水平为 0.01 的显著性检验, * * * 表示通过显著性水平为 0.001 的显著性检验,NS 则表示不显著。基于 SCE 优化算法得到最优参数组即最小 OBF 值后,根据 COFI 模型计算得到不同降水产品参数选取的 J_{cr} 值,对 OBF 值小于 J_{cr} 的所有参数组进行不确定性分析。公式中,n 指的是模型参数率定阶段的时间序列长度。可以看出,延长该序列长度可得到相对较小的 J_{cr},降低水文模型参数的不确定性且确保分析的合理性。为此,使用优化后的参数率定过程计算参数不确定性。各时段的参数模型模拟次数为 1 145~1 830。通过计算,第一时段(P1)进行不确定性分析的样本数为 545,第二时段(P2)进行不确定性分析的样本数为 662,第三时段(P3)进行不确定性分析的样本数为 615,第四时段(P4)进行不确定性分析的样本数为 858。Kruskal-Wallis 检验可对各水文参数在 3 种降水产品差异的显著性进行评估。

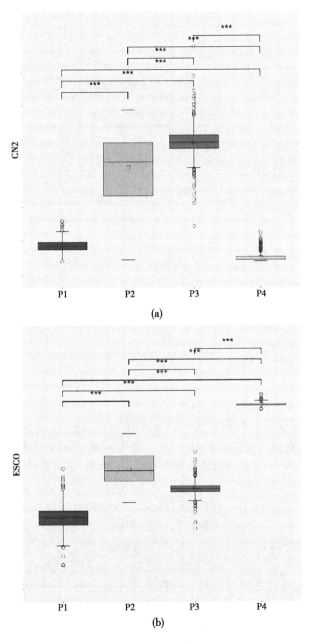

图 6-11　水文参数在不同时段的不确定性分析结果及 Kruskal-Wallis 检验结果

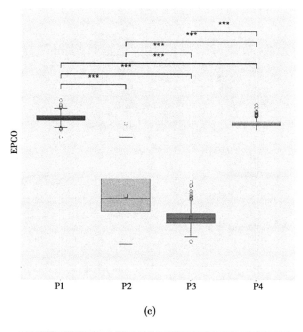

(c)

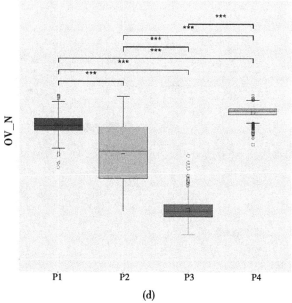

(d)

续图 6-11

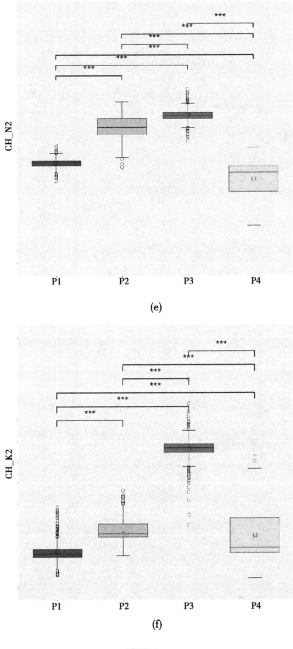

(e)

(f)

续图 6-11

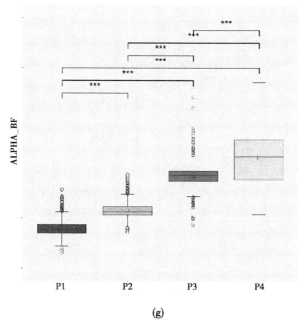

(g)

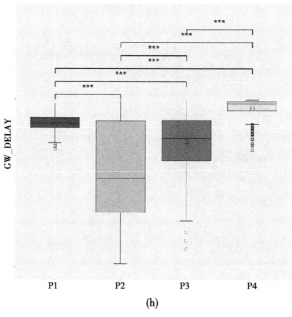

(h)

续图 6-11

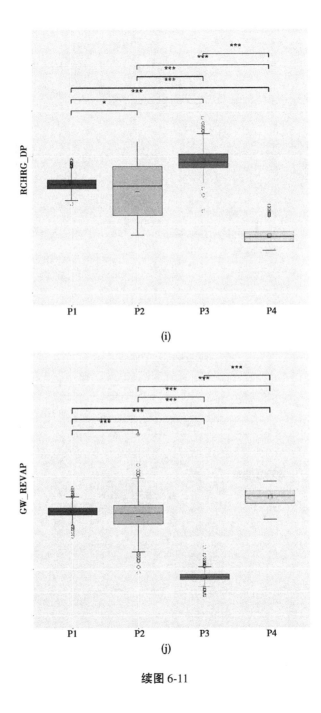

(i)

(j)

续图 6-11

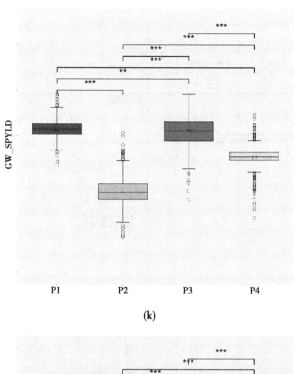

(k)

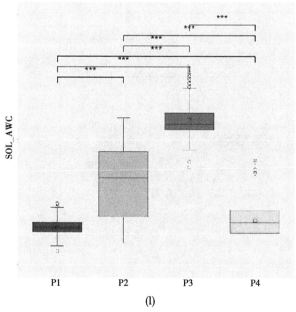

(l)

续图 6-11

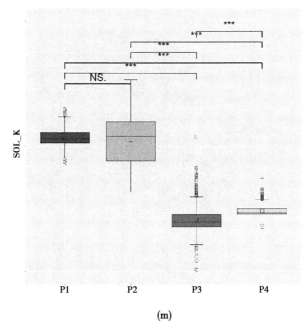

(m)

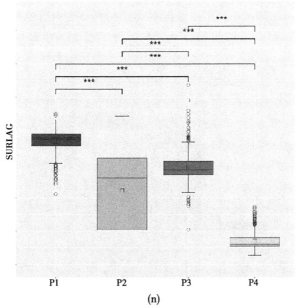

(n)

续图 6-11

第7章 基于分布式水文模型的香日德河流域不同类型干旱演进过程研究

7.1 指标构建

7.1.1 气象干旱指标构建

基于分布式水文模型 SWAT 模拟的香日德河流域月值降水数据,构建气象干旱指标。标准化降水指数(Standardized precipitation index,SPI)由 Mckee 于 1993 年提出(张强等,2004),SPI 指数具有计算数据简单、多时间尺度等特点,是干旱研究中采用较广泛的指标,在干旱分析中被普遍应用,在中国的应用也极为广泛。SPI 作为一个标准化指数,反映降水量出现的概率。当 SPI 为正值时表示降雨量偏多,而当 SPI 出现负值时表示降水量偏少。干旱的严重程度等级的划分由相应 SPI 负值的大小来确定,SPI 负值越大代表干旱严重程度越高。SPI 的具体计算公式如下(马岚,2019):

设一定时间段内的降水量为 x,则其 Gamma 分布的概率密度函数可以表示为

$$g(x) = \frac{1}{\beta^\alpha \Gamma(\alpha) x} x^{\alpha-1} e^{-x/\beta} \quad (x > 0) \tag{7-1}$$

$$\Gamma(\alpha) = \int_0^\infty y^{\alpha-1} e^{-y} dy \tag{7-2}$$

式中:α 为形状参数;β 为尺度参数;$\Gamma(\alpha)$ 为伽马函数。

α 和 β 可以运用极大似然法进行估算:

$$\alpha = \frac{1 + \sqrt{1 + 4A/3}}{4A} \tag{7-3}$$

$$\beta = \frac{\bar{x}}{\alpha} \tag{7-4}$$

$$A = \ln(\bar{x}) - \frac{\sum_{i=1}^{n} \ln(x_i)}{m} \tag{7-5}$$

在 Gamma 函数的计算中不考虑 $x = 0$ 的情况,由降水量值中的非零项计算均值。设降水序列的长度为 n,为零的项数为 m,令 $q = m/n$,则一定时间尺度下的累计概率计算公式可以表示为

$$H(x) = (1 - q) G(x) \tag{7-6}$$

式中:$G(x) = \int_0^x g(w) \, \mathrm{d}w = \frac{1}{\Gamma(\alpha)} \int_0^{x/\beta} t^{\alpha-1} \mathrm{e}^{-t} \mathrm{d}t$

相应的 SPI 值可以由累计概率 $H(x)$ 转变成标准正态分布得到:

当 $0 < H(x) \leq 0.5$ 时,令 $k = \sqrt{\ln \frac{1}{H(x)^2}}$,则

$$\mathrm{SPI} = -\left(k - \frac{c_0 + c_1 k + c_2 k^2}{d_1 k + d_2 k^2 + d_3 k^3 + 1} \right) \tag{7-7}$$

当 $0.5 < H(x) < 1$ 时,令 $k = \sqrt{\ln \frac{1}{[1 - H(x)]^2}}$,则

$$\mathrm{SPI} = k - \frac{c_0 + c_1 k + c_2 k^2}{d_1 k + d_2 k^2 + d_3 k^3 + 1} \tag{7-8}$$

式中:常数 $c_0 = 2.515\ 517$;$c_1 = 0.802\ 853$;$c_2 = 0.010\ 328$;$d_1 = 1.432\ 788$;$d_2 = 0.189\ 269$;$d_3 = 0.001\ 308$。

根据气象干旱等级,按 $-1.0 < \mathrm{SPI} \leq -0.5$、$-1.5 < \mathrm{SPI} \leq -1.0$、$-2.0 < \mathrm{SPI} \leq -1.5$ 和 $\mathrm{SPI} \leq -2.0$ 把干旱严重程度分成轻旱、中旱、重旱和特旱这 4 个等级。

7.1.2 水文干旱指标构建

基于分布式水文模型 SWAT 模拟的香日德河流域的月值径流数据,构建水文干旱指标。标准化径流指数(standardized runoff index,SRI)(Shukla 等,2008b)于 2008 年由 Shukla 等提出,该指数参照标准化降水指数的概念,反映流域径流量出现的概率。当 SRI 出现负值时表示该时段径流量偏少,当 SRI 出现正值时则表示径流量偏多。标准化径流指数 SRI 与标准化降水指数 SPI 的计算方法类似,该方法不仅计算简单,还可以进行 1、3、6、12 个月等多时间尺度分析,并且适用于资料缺乏、地势复杂的流域,在水文干旱研究中目前的应用较多(邵进等,2014)。SRI 的具体计算方法如下(吴杰峰等,2016):

设一定时间段的径流量 x 符合 T 分布概率密度函数 $f(x)$:

$$f(x) = \frac{1}{\gamma T(\beta)} x^{\beta-1} e^{-x/\lambda} \quad (x > 0) \tag{7-9}$$

式中:γ、β 分别为形状参数和尺度参数。

γ、β 可运用极大似然法进行计算,一定时间尺度的径流量 x 的累积概率可以表示为

$$f(x) = \int_0^x f(x)\,\mathrm{d}x \tag{7-10}$$

SRI 可对 T 分布概率进行正态标准化得出:

$$\mathrm{SRI} = S \frac{t + c_0 - c_1 t - c_2 t^2}{d_1 t + d_2 t^2 + d_3 t^3 + 1} \tag{7-11}$$

$$k = \sqrt{2\ln(F)} \tag{7-12}$$

当 $F > 0.5$ 时,$S = 1$;当 $F \leqslant 0.5$ 时,$S = -1$,其中 $c_0 = 2.515\,517$,$c_1 = 0.802\,385\,3$,$c_2 = 0.010\,328$,$d_1 = 1.432\,788$,$d_2 = 0.189\,269$,$d_3 = 0.001\,308$。

7.1.3 农业干旱指标构建

基于分布式水文模型 SWAT 模拟的香日德河流域月值土壤湿度数据,构建农业干旱指标。标准化土壤湿度指数(SSMI)是基于历史土壤湿度时间序列构建的一种农业干旱指数,具有计算简单易行、考虑数据分布特征等优点,探讨其在区域农业干旱监测中的适宜性能够为区域业务化的农业干旱监测以及干旱影响评估提供基础。本书选用标准化土壤湿度指数作为评价农业干旱的指标,对根区土壤湿度进行标准化。对数据标准化的过程中,需确定土壤湿度数据的概率分布。常用于干旱指数构建的概率分布函数包括伽马分布、皮尔逊Ⅲ型分布、经验累积概率分布、正态分布、Log-Logistic 分布等(Qin 等,2015)。SSMI 的构建方法如下(周洪奎等,2019):

$$\mathrm{SSMI} = \frac{\mathrm{SM} - \overline{\mathrm{SM}}}{\delta} \tag{7-13}$$

式中:SM 为某一时间尺度的土壤湿度值;$\overline{\mathrm{SM}}$ 为该时间尺度上多年土壤湿度均值,δ 为该时间尺度上多年土壤湿度标准差。SSMI<0 代表土壤湿度小于正常值,呈现土壤水分亏缺的状态;SSMI>0 表示土壤湿度大于正常值,呈现土壤水分盈余的状态,值的大小表示偏离正常值的程度。干旱指数等级划分见表 5-1。

7.2 气象干旱特征

7.2.1 气象干旱的时间变化特征

基于分布式水文模型 SWAT 模拟的香日德河流域 1981~2016 年逐月降水量进行气象干旱指标计算与分析,研究采用 1、3、6、12 个月共 4 种时间尺度计算标准化降水指数(SPI)。("SPI1"表示 1 月尺度 SPI,以此类推)。香日德河流域气象干旱指标变化过程如图 7-1 所示。

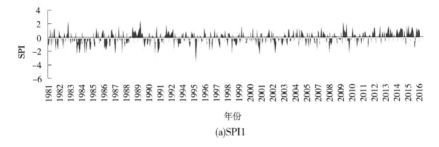
(a)SPI1

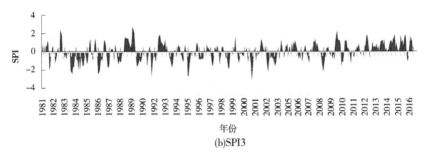
(b)SPI3

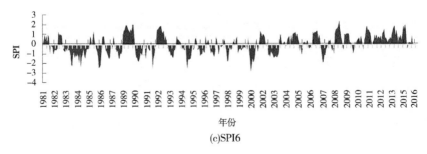
(c)SPI6

图 7-1 香日德河流域气象干旱指标变化过程

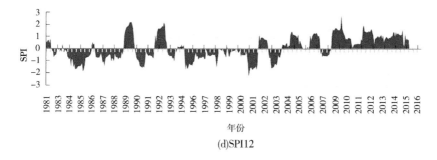

(d)SPI12

续图 7-1

结果显示,香日德河流域 SPI 值不同时间尺度下其波动幅度明显不同,但具有大致相同干旱趋势。时间尺度越小,SPI 对气象干旱的反应越强烈。月尺度(SPI1)的波动最强,随着时间尺度的增大,波动起伏减缓。根据香日德河流域气象干旱指标可以得出 20 世纪 80 年代的干旱形势不容乐观,大多数年份发生了干旱灾害,SPI 值普遍处于负值,总体呈轻度—中度干旱状态,在 1985 年出现重度干旱状态。这段时期,香日德河流域水资源不足,且干旱持续的时间较长;20 世纪 90 年代 SPI 值仅在 1992 年出现了一段时间的湿润时期,其余大部分年份都处于干旱状态,干旱也呈现出轻度—中度干旱状态;进入 21 世纪后,初期干旱现象出现次数较多,并且于 2001 年发生特级干旱事件,2004~2009 年这段时期干旱期与湿润期交替出现,且干旱期的 SPI 值的严重程度也较轻,2009 年之后,气象干旱指标总体处于正值状态,流域基本处于湿润期,干旱鲜有发生,说明香日德河流域降水呈增多趋势,处于较为湿润的状态。

7.2.2　气象干旱趋势特征

香日德河流域气象干旱变化趋势采用 Mann-Kendall 趋势检验法分析。依据分布式水文模型模拟的流域 1981~2016 年的月降水数据,计算 SPI,进而计算检验统计量 Z 并进行趋势分析。定义 90% 的显著性水平上的趋势为显著需所得结果的绝对值大于 1.64,若所得结果的绝对值大于 1.96,则定义为在 95% 的显著性水平上的趋势为显著;计算为负值说明为变干趋势,正值则代表变湿趋势(见图 7-2)。

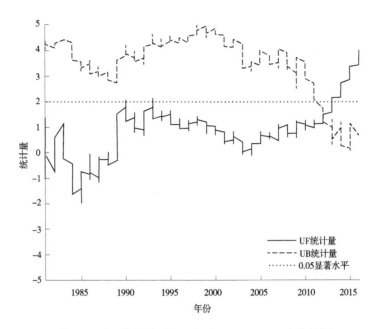

图 7-2 香日德河流域 SPI 序列 Mann-Kendall 突变检测

利用 Mann-Kendall 趋势检验法对香日德河流域的 SPI1 进行分析,计算得到 SPI1 的检验统计量 $Z=4.1215$,在 $\alpha=0.05$ 的显著性水平下,$|Z|>Z_1-\alpha/2=1.64$。标准化降水指数 SPI1 的检验统计量 Z 值为正值,整体呈现变湿趋势,且流域标准化降水指数 SPI1 的检验统计量 Z 值超过了 1.64,表明变湿趋势明显;进一步对香日德河流域 SPI 序列进行 Mann-Kendall 突变检测,在 1981~2016 年间,大多数年份的 SPI1 序列的 UF 值大于 0,UF 曲线整体呈波动上升趋势,UF、UB 曲线于 2012 年相交,表明 SPI1 在 2012 年发生显著突变,干旱指数为正值的年份明显增多。

7.3　水文干旱特征

7.3.1　水文干旱的时间变化特征

基于分布式水文模型 SWAT 模拟的香日德河流域 1981~2016 年逐月径流量进行水文干旱指标计算与分析,研究采用 1、3、6、12 个月共 4 种时间尺度计算标准化径流指数(SRI)。("SRI1"表示 1 个月尺度 SRI,以此类推)。香日德河流域水文干旱指标变化过程如图 7-3 所示。

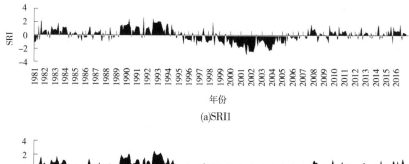

(a)SRI1

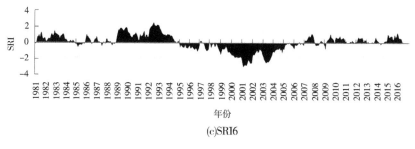

(b)SRI3

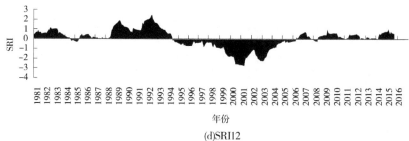

(c)SRI6

(d)SRI12

图 7-3　香日德河流域水文干旱指标变化过程

从图7-3可以看出,香日德河流域不同时间尺度下的SRI值其波动幅度明显不同,但具有大致相同干旱趋势。随着时间尺度增大,SRI对水文干旱的反应逐渐趋于平缓。月尺度(SRI1)的波动最强,随着时间尺度的增大,波动起伏减缓。根据水文干旱指标可以得出香日德河流域20世纪80年代偶尔发生轻度干旱灾害,且持续时间较短;90年代初鲜有干旱发生,大部分时间流域处于偏湿润的状态;水文干旱灾害在1995~2005年这段时间最为严重,普遍处于中度—重度干旱状态,期间多次发生极端干旱事件;2005年之后,流域表现出干湿交替的特征,干旱程度处于轻度干旱状态,干旱状态有所缓解,呈现较为湿润的状态。

7.3.2 水文干旱趋势特征

香日德河流域水文干旱的趋势性同样采用Mann-Kendall趋势检验法分析。依据分布式水文模型模拟的流域1981~2016年的月径流数据,计算标准化径流指数SRI,从而计算检验统计量Z并进行趋势分析。判断标准同气象干旱指标SPI,正值表示有变湿趋势,负值则表示变干趋势(见图7-4)。

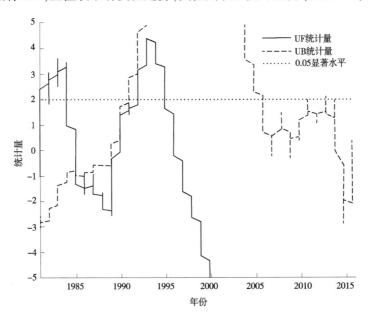

图7-4 香日德河流域 SRI 序列 Mann-Kendall 突变检测

利用 Mann-Kendall 趋势检验法对香日德河流域 SRI1 进行分析后显示 SPI1 的检验统计量 $Z=-2.6566$，在 $\alpha=0.05$ 的显著性水平下，$|Z|>Z_1-\alpha/2=1.64$。流域标准化径流指数 SRI1 的检验统计量 Z 值为负值，整体呈现变干趋势，并且标准化径流指数 SRI1 的检验统计量 Z 值的绝对值大于 1.64，表明香日德河流域径流具有变干的趋势，并且这种趋势较为明显。对 1981~2016 年间的水文干旱指数 SRI1 做突变检验，结果如图 7-4 所示，由图 7-4 可知 UF、UB 曲线波动幅度较大，图中突变结果显示 UF、UB 曲线相交于 1985 年，表明在 1985 年前后流域出现大幅度的干湿变化，流域由之前较为湿润的状态开始转为较干的状态。

7.4 农业干旱特征

7.4.1 农业干旱的时间变化特征

在分布式水文模型 SWAT 模拟的香日德河流域 1981~2016 年逐月土壤含水率的基础上进行农业干旱指标计算与分析，农业干旱指标采用标准化土壤湿度指数（SSMI）表示。通过计算 1、3、6、12 个月尺度的土壤含水率并进一步计算各尺度的标准化土壤湿度指数表示农业干旱程度。（"SSMI1"表示 1 个月尺度 SSMI，以此类推）。香日德河流域农业干旱指标变化过程如图 7-5 所示。

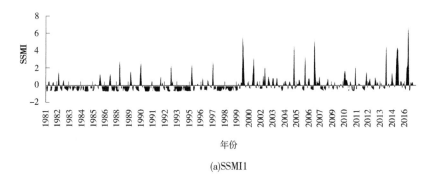

(a)SSMI1

图 7-5　香日德河流域农业干旱指标变化过程

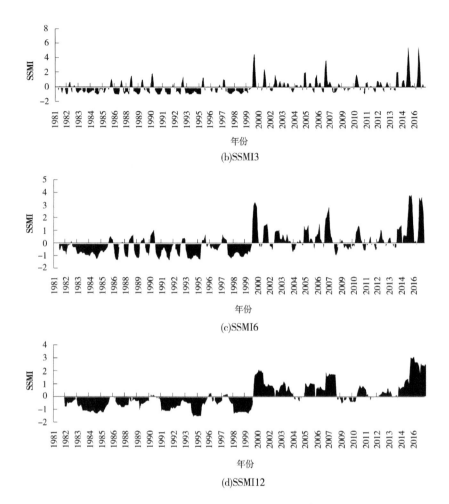

(b)SSMI3

(c)SSMI6

(d)SSMI12

续图 7-5

从香日德河流域 SWAT 模型的土壤含水率计算得到的标准化土壤湿度指数来看,随着时间尺度的增大流域农业干旱状态逐渐清晰,香日德河流域的干旱在研究时间内大体可以分为两个阶段:在 1981~2000 年这段时间内香日德河流域在农业方面处于较为干旱的状态,这段时间农业干旱发生的次数较多,持续的时间也较长,但干旱的严重程度为轻度干旱到中度干旱,未发生极端干旱现象;在 2000~2016 年这段时间,干旱的发生次数降低、持续时间变短,并且严重程度都比之前要轻,虽然香日德河流域在 20 世纪的干旱不严重,但是却发生了湿润度过高的现象,这也会对农业产生一定的影响。

7.4.2 农业干旱趋势特征

香日德河流域农业干旱的趋势性同样采用 Mann-Kendall 趋势检验法分析。依据分布式水文模型模拟的流域 1981～2016 年的月土壤含水率数据,计算标准化土壤湿度指数 SSMI,从而计算检验统计量 Z 并进行趋势分析。判断标准正值表示有变湿趋势,负值则表示变干趋势。

利用 Mann-Kendall 趋势检验法对香日德河流域 SSMI 进行分析后显示 SSMI 的检验统计量 $Z=8.0243$,在 $\alpha=0.05$ 的显著性水平下,$|Z|>Z_{1}-\alpha/2=1.64$。流域标准化土壤湿度指数 SSMI 的检验统计量 Z 值为正值,整体呈现变湿趋势,并且标准化土壤湿度指数 SSMI 的检验统计量 Z 值的绝对值大于 1.64,表明香日德河流域这种趋势较为明显。对 1981～2016 年间的农业干旱指数 SSMI 做突变检验,结果如图 7-6 所示,由图 7-6 可知 UF、UB 曲线波动幅度较大,图中突变结果显示 UF、UB 曲线相交于 2000 年,表明在 2000 年前后流域干湿变化幅度较大,流域由之前较为干的状态开始转为较湿润的状态。

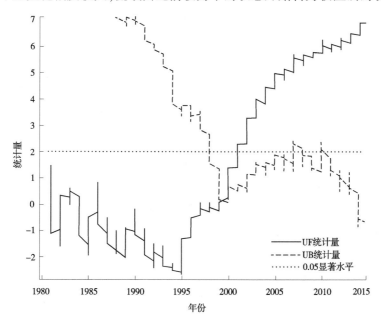

图 7-6   香日德河流域 SSMI 序列 Mann-Kendall 突变检测

7.5 不同类型干旱的响应关系

7.5.1 水文干旱对气象干旱的响应

通过对香日德河流域水文干旱指数与气象干旱指数进行时滞互相关分析来探讨流域的水文干旱对气象干旱的响应。对不同时间尺度的 SPI 和 SRI 进行相关性分析,结果如表 7-1 所示:1、3、6、12 个月时间尺度的 SPI 与 SRI 的相关系数分别为 0.339、0.363、0.395 和 0.410,香日德河流域气象干旱和水文干旱随着时间尺度的增大相关性越来越强,12 个月时间尺度的相关系数最大,表明 12 个月时间尺度的相关性最好。

表 7-1 香日德河流域不同时间尺度的 SPI 与 SRI 的相关性

时间尺度	1	3	6	12
相关系数	0.339	0.363	0.395	0.410

分别对 1981~2016 年 SPI12 与 SRI12 序列取同期、滞后 1 个月、滞后 2 个月、…、滞后 12 个月作为时间梯度,计算相关系数进行相关性分析,取最大相关系数所对应的时间梯度作为 SPI 与 SRI 的滞后时间。研究表明,同期至滞后 12 个月的序列相关系数分别是 0.410、0.420、0.424、0.426、0.421、0.412、0.399、0.382、0.361、0.336、0.308、0.277 和 0.244,可以看到最大相关系数出现在滞后 3 个月的时间尺度上为 0.426,表明香日德河流域水文干旱对气象干旱的响应在滞后 3 个月的时候最为敏感。

为研究香日德河流域水文干旱对气象干旱响应的空间分布,研究将流域分为 15 个子流域,通过分别计算各子流域水文干旱对气象干旱的响应时间来探讨流域干旱传播的空间表现。首先将 15 个子流域 1、3、6、12 个月时间尺度的 SPI 与 SRI 做相关性分析得到各子流域相关性最强的时间尺度,见表 7-2;然后对各子流域时间尺度相关性最强的水文干旱指数与气象干旱指数进行时滞互相关分析。

表 7-2　香日德河子流域选用时间尺度

子流域	时间尺度	相关系数
1	6	0.706
2	6	0.692
3	12	0.167
4	12	0.717
5	12	0.628
6	12	0.253
7	12	0.148
8	12	0.102
9	6	0.693
10	12	0.336 6
11	6	0.592
12	12	0.383
13	12	0.250
14	12	0.342
15	12	0.363

　　对香日德河 15 个子流域对应相关性最强时间尺度的标准化降水指数与标准化径流指数做时滞互相关分析得到对应分区水文干旱对气象干旱的响应时间如图 7-7 所示。通过对 15 个子流域 SPI 与 SRI 序列取同期、滞后 1 个月、滞后 2 个月、…、滞后 12 个月作为时间梯度，计算相关系数进行相关性分析，取最大相关系数所对应的时间梯度作为 SPI 与 SRI 的滞后时间。结果显示，香日德河流域水文干旱对气象干旱的响应时间在流域中部呈现迅速反应的状态，子流域 1、2、4、5、9、11 的气象干旱指数与水文干旱指数在同期相关性最

强,没有滞后性;从流域中部向外扩散,水文干旱对气象干旱的响应时间逐渐变长,子流域 10 和子流域 12 的滞后时间分别为 1 个月和 5 个月;流域东南部子流域 14 和子流域 15 具有 6 个月的滞后时间,而子流域 13 具有 8 个月的滞后时间;流域西部水文干旱对气象干旱的反应最为缓慢,子流域 3 和子流域 6 具有 7 个月的滞后时间,而子流域 7 和子流域 8 响应最为迟钝,滞后时间达到了 9 个月。

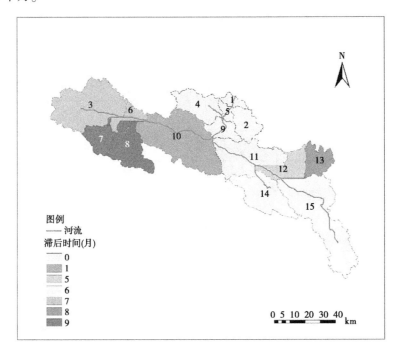

图 7-7　香日德河流域水文干旱对气象干旱响应的空间分布

7.5.2　农业干旱对气象干旱的响应

选用香日德河流域标准化土壤湿度指数与标准化降水指数进行时滞互相关分析来探讨流域的农业干旱对气象干旱的响应。对不同时间尺度的 SSMI 与 SPI 进行相关性分析,结果如表 7-3 所示。1、3、6、12 个月时间尺度的 SSMI 与 SPI 的相关系数分别为 0.195、0.213、0.281 和 0.390,香日德河流域农业干旱和气象干旱的相关性随着时间尺度的增大而增大,12 个月时间尺度的相关系数最大,说明 SSMI12 与 SPI12 的相关性最好。

表 7-3　香日德河流域不同时间尺度的 SSMI 与 SPI 的相关性

时间尺度	1	3	6	12
相关系数	0.195	0.213	0.281	0.390

　　将 1981~2016 年 SSMI12 与 SPI12 序列取同期至 12 个月的时间梯度计算相关系数进行相关性分析,取最大相关系数所对应的时间梯度作为农业干旱对气象干旱的滞后时间。研究表明,同期至滞后 12 个月的序列相关系数分别是 0.390、0.399、0.407、0.414、0.416、0.413、0.413、0.405、0.391、0.373、0.341、0.315 和 0.283,可以看到最大相关系数出现在滞后 4 个月的时间尺度上为 0.416,表明香日德河流域农业干旱对气象干旱的响应在滞后 4 个月的时候最为敏感。

　　香日德河流域农业干旱对气象干旱响应的空间分布,同样是将流域分为 15 个子流域,分别将各子流域农业干旱对气象干旱响应的滞后时间进行计算来研究流域干旱传播的空间表现。对 15 个子流域 1、3、6、12 个月时间尺度的 SPI 与 SSMI 做相关性分析得到各子流域相关性最强的时间尺度,见表 7-4;接着对各子流域时间尺度相关性最强的农业干旱指数与气象干旱指数进行时滞互相关分析。

表 7-4　香日德河子流域选用时间尺度

子流域	时间尺度	相关系数
1	12	0.406
2	12	0.365
3	12	0.291
4	12	0.379
5	12	0.471
6	12	0.261
7	12	0.382
8	12	0.481
9	12	0.431
10	12	0.371

子流域	时间尺度	相关系数
11	12	0.315
12	12	0.268
13	12	0.276
14	12	0.341
15	1	0.187

根据香日德河 15 个子流域对应相关性最强时间尺度的标准化土壤湿度指数与标准化降水指数做时滞互相关分析得到相应分区农业干旱对气象干旱的响应时间如图 7-8 所示。通过对 15 个子流域 SPI 与 SSMI 序列取同期、滞后 1 个月、滞后 2 个月、…、滞后 12 个月的时间梯度，计算相关系数进行相关性分析，取最大相关系数所对应的时间梯度作为 SPI 与 SRI 的滞后时间。结果显示，香日德河流域农业干旱对气象干旱的响应时间在流域东部的各个子流域以及西南部和北部部分子流域响应最为迅速，东部子流域 12、13、14、15 以及西南部的子流域 7、8 和北部的子流域 1、4、5、9 的气象干旱指数与农业干旱指数在同期相关性最强，滞后时间为 0；在流域中部地区农业干旱对气象干旱的响应速度不及东部及北部地区，水文干旱对气象干旱的响应时间表现出1~3 个月的滞时，子流域 2、10 和子流域 11 的滞后时间分别为 1 个月、2 个月和 3 个月；流域西部地区农业干旱对气象干旱的响应时间最长，子流域 6 和子流域 3 的响应时间分别达到了 7 个月和 8 个月。

7.5.3　农业干旱对水文干旱的响应

香日德河农业干旱对水文干旱的响应选择标准化土壤湿度指数与标准化径流指数进行时滞性研究。根据不同时间尺度的 SSMI 与 SRI 的皮尔逊相关指数进行最佳时间尺度的选择，结果如表 7-5 所示。1、3、6、12 个月时间尺度的 SSMI 与 SRI 的相关系数分别为 0.018、-0.051、-0.134 和 -0.236，香日德河流域农业干旱和水文干旱的相关性在 3、6、12 个月尺度上都为负相关，并且随着时间尺度的增大而增大，12 个月时间尺度的相关性最强。

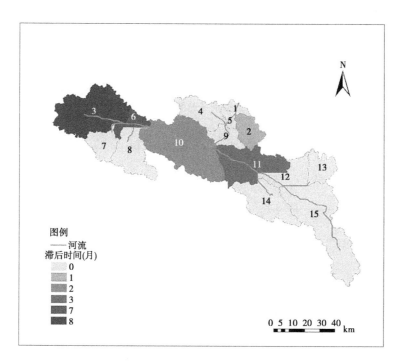

图 7-8　香日德河流域农业干旱对气象干旱响应的空间分布

表 7-5　香日德河流域不同时间尺度的 SSMI 与 SRI 的相关性

时间尺度	1	3	6	12
相关系数	0.018(不显著)	−0.051	−0.134	−0.236

　　同样将 1981~2016 年 SSMI12 与 SRI12 序列取同期到滞后 1、2、…、12 个月的时间梯度计算皮尔逊相关系数,取最大相关系数所对应的时间梯度表示流域农业干旱对水文干旱的响应时间。研究显示,同期至滞后 12 个月的序列相关系数分别是−0.236、−0.248、−0.258、−0.268、−0.280、−0.293、−0.302、−0.315、−0.329、−0.343、−0.360、−0.374 和−0.384,相关系数在滞后 12 个月后达到最强,表明香日德河流域在水文干旱发生后并未对农业干旱产生迅速而直接的影响,在研究期内,标准化土壤湿度指数与 12 个月后的标准化径流指数表现出较强的负相关性,在这一时期水文干旱往往会导致下一年土壤湿度指数的提高。

　　香日德河流域农业干旱对水文干旱响应的空间分布,依旧采用将 15 个子流域的农业干旱指数与水文干旱指数进行时滞互相关分析来对流域干旱的空间分布进行探讨。将 15 个子流域 1、3、6、12 个月时间尺度的 SSMI 与 SRI 做相关性分析得到各子流域相关性最强的时间尺度，见表 7-6；接着对各子流域时间尺度相关性最强的农业干旱指数与水文干旱指数进行时滞互相关分析。

表 7-6　香日德河子流域选用时间尺度

子流域	时间尺度	相关系数
1	12	0.220
2	3	0.117
3	12	0.128
4	12	0.221
5	12	0.237
6	12	0.348
7	12	−0.169
8	12	−0.185
9	12	0.193
10	3	0.057(不显著)
11	3	0.023(不显著)
12	12	0.164
13	12	0.173
14	1	0.067(不显著)
15	12	0.609

香日德河 15 个子流域对应相关性最强时间尺度的标准化径流指数与标准化土壤湿度指数的时滞互相关分析结果显示的相应子流域农业干旱对气象干旱的响应时间如图 7-9 所示。通过对 15 个子流域 SSMI 与 SRI 序列取同期、滞后 1 个月、滞后 2 个月、…、滞后 12 个月的时间梯度，计算相关系数进行

相关性分析,最大相关系数所对应的时间梯度即为该子流域农业干旱对水文干旱的响应时间。通过对流域干旱分布的空间滞后性进行分析可以发现,香日德河流域农业干旱对水文干旱的响应时间除在子流域 10、11、14 不存在显著相关外,在流域中部大部分子流域如子流域 1、2、4、5、6、9 都显示在同期的相关性最强,几乎不存在滞后现象;从中部地区东西方向延伸,标准化径流指数的低值往往对应标准化土壤湿度指数的高值,东部的子流域 13、15 和子流域 12 在径流不足时,在其后的 8 个月和 10 个月土壤湿度值却呈现高值;西部子流域 3、7、8 也在水文干旱出现 12 个月以后土壤湿度指数异常升高,农业干旱现象缓解。

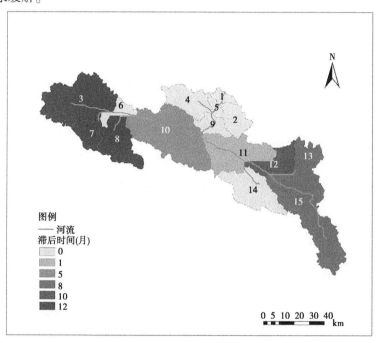

图 7-9 香日德河流域农业干旱对水文干旱响应的空间分布

7.6 人类活动对干旱演进过程的影响

7.6.1 土地利用类型对干旱演进过程的影响

香日德河流域干旱的演进过程受到流域土地利用类型较大的影响,在香日德河流域,当气象干旱发生在土地利用类型为以裸地为主的子区域时,气象干旱会迅速发展为水文干旱,基本不存在滞后时间,这些特征在子分区 1、4、5、9 表现显著;在土地利用类型为水体的区域,如子分区 12、10、15 及子分区 3,气象干旱演化为水文干旱则存在一定的滞后时间;在以林地和草地为主的子分区 7 和子分区 8,水文干旱对气象干旱的响应则需要较长的时间;耕地在该区域气象干旱到水文干旱的演进过程中没有特别突出的影响。

香日德河流域农业干旱对气象干旱的响应中,裸地依然是最迅速的;但耕地对流域干旱的演进过程产生了一定的影响,具有较多耕地的子分区 2 比起周围的分区其气象干旱演化为农业干旱需要更长的时间;当气象干旱发生在土地利用类型存在水体的区域,农业干旱对气象干旱的响应较慢,滞后时间较长,在子分区 3 有明显的表现;而林草地的影响则存在感不强。

香日德河流域水文干旱演变为农业干旱的过程在裸地基本不存在滞后时间,在子分区 1、5、6 表现显著;耕地在区域干旱传播中的表现并不明显;而在有水体的区域,如子分区 3、10、12 和子分区 15,水文干旱演化为农业干旱的时间都有了显著的延长;另外在以林草地为主的区域,农业干旱对水文干旱的响应时间也具有较长的滞后性。

总之,干旱的演进过程在裸地是最为迅速的,其余的各种土地利用类型都对干旱的传播有或多或少的延缓,耕地在气象干旱发展为农业干旱的过程中影响较为突出,土地利用类型为水体的区域,干旱的发展速度也会减缓,而在以林地和草地为主的区域,对干旱演进过程则表现出较显著的滞后性。

7.6.2 土壤类型对干旱演进过程的影响

香日德河流域土壤类型在大范围内都以寒钙土为主,气象干旱到水文干旱的演进中,单一以寒钙土为主的子分区 7 和子分区 8,气象干旱发展为水文干旱需要的时间最长;以暗寒钙土为主的子分区 3 和子分区 6 干旱的滞后时间次之;在以棕草毡土为主,夹杂着水域和泥炭沼泽土的子分区 15,水文干旱对气象干旱的响应也较缓;而在土壤类型多样,出现钙质石质土及石灰性草甸土的子分区 1、2、4、5、9 则气象干旱发展为水文干旱的时间极短。

香日德河流域农业干旱对气象干旱的响应在暗寒钙土区较慢,响应时间较长,在子分区 3 和子分区 6 表现显著;寒冻土以及薄草毡土分布的区域,气象干旱发展为农业干旱也需要较长的时间,子分区 10 和子分区 11 农业干旱对气象干旱响应的滞后时间也较其他土壤类型较长;而在子分区 1、5、9 这些钙质石质土、石灰性草甸土分布的地区干旱的传播速度较其他土壤类型较快。

香日德河流域农业干旱对水文干旱的响应表现为在寒钙土、暗寒钙土分布的区域3、7、8、13，以及分布着水体、泥炭沼泽土和棕草毡土的区域12、15，水文干旱演变为农业干旱往往都需要较长的时间；同样，在钙质石质土、石灰性草甸土出现的区域，农业干旱对水文干旱的响应也较快。

总体上说，暗寒钙土分布的地区，干旱演进的速度最慢；同时在分布着泥炭沼泽土、棕草毡土以及水域的地方，干旱的传播速度也会放缓；相反，钙质石质土和石灰性草甸土的分布区，不同类型干旱的演进过程都比较迅速。

7.6.3 高程对干旱演进过程的影响

香日德河流域高程对气象干旱发展为水文干旱的影响表现为在海拔较低的子分区1、2、5、9，水文干旱对气象干旱的响应最为迅速；随着海拔的升高，气象干旱发展为水文干旱的时间也变长，从子分区10到子分区14、15再到子分区3和子分区6海拔不断升高，水文干旱对气象干旱响应的滞后时间也逐渐增加；在整体海拔最高的子分区7和子分区8，气象干旱发展为水文干旱所用的时间是最长的。

香日德河流域农业干旱对气象干旱的响应表现为在高程较低的子分区1、4、5、9以及海拔略有升高但子分区内部高差变化较平缓的子分区12、13、15等区域干旱的传播速度较快，农业干旱对气象干旱反应迅速；在子分区总体海拔较高，并且子分区内部高差变化明显的区域，农业干旱对气象干旱的响应则需要较长的时间，比如子分区3和子分区6都需要比其他较低海拔的子分区更多的时间气象干旱才会演变为农业干旱。

香日德河流域水文干旱发展为农业干旱在高海拔的3、7、8等子分区，滞后时间较长，海拔逐渐降低，水文干旱演化为农业干旱的滞后时间相应缩短，同样在高程较低的1、2、4、5、9子分区所需的时间最短，干旱响应快。综上，高程对香日德河流域农业干旱对气象干旱响应时间以及农业干旱对水文干旱的响应时间的影响也同样表现为随着海拔的升高，干旱的演进速度也放缓，与水文干旱对气象干旱的响应具有大致相似的表现。总之就是香日德河流域高程越高的地区，不同类型干旱演进的响应时间越长。

7.6.4 坡度对干旱演进过程的影响

香日德河流域坡度对不同类型干旱演进过程的影响表现为坡度越陡，干旱的传播速度越快；坡度越缓的地区，干旱的传播速度越慢。在香日德河流域水文干旱对气象干旱响应中，在坡度大于10，这些较陡的子分区1、2、4、5、9

中,气象干旱演化为水文干旱几乎没有滞后性;在部分坡度大于 10,但某些坡度较缓,陡缓夹杂分布的区域,如子分区 10、13、14,水文干旱的响应时间都出现一定程度的滞后;而在坡度较缓的 7、8 等子分区,水文干旱对气象干旱的响应时间明显延长。

香日德河流域农业干旱对气象干旱的响应结合坡度的分布来看,在坡度普遍大于 10 的 1、4、5、9 子分区,农业干旱对气象干旱的响应依旧最为迅速;在坡度大部分大于 10,但出现 1~5 以及 0~1 的坡度的子分区,气象干旱发展为农业干旱的时间延长;而在 0~1 的坡度占据主导地位的子分区 3 和子分区 6,农业干旱的滞后时间最长;同样在坡度相对较缓的子分区 7、8 等区域,农业干旱对气象干旱的响应却较快,坡度在这些子分区对干旱演化的影响不明显。

香日德河流域农业干旱对水文干旱的响应与农业干旱对气象干旱的响应相比,坡度的影响较为显著,在坡度集中较陡,大部分区域大于 10 的流域中部地区,农业干旱对水文干旱的反应都很迅速,水文干旱可以迅速演化为农业干旱,在子分区 1、2、4、5 以及子分区 9 都可以显著反应;在流域坡度变化范围较大的流域东部地区,既有坡度较陡的区域,也有坡度较缓的区域,比如子分区 12 和子分区 13,在这些地区水文干旱发展为农业干旱所需要的时间要明显长于坡度较陡的流域中部地区;而在流域坡度大于 10 的部分占比较小,大部分的坡度在 0~5 的流域西部地区,农业干旱对水文干旱的滞后时间最长,在子分区 3、7 以及子分区 8 都有明显的表现。

总体上说,在香日德河流域水文干旱对气象干旱的响应、农业干旱对水文干旱的响应以及农业干旱对气象干旱的响应中,都具有大致相似的分布规律,就是缓坡要比陡坡对干旱演化进程的延缓有更强的表现,坡度越缓,干旱演化进程的滞后时间越长。

参考文献

［1］Abbaspour K C, Yang J, Maximov I, et al. Modelling hydrology and water quality in the pre-alpine/alpine Thur watershed using SWAT[J]. Journal of Hydrology ,2006, 333(2): 413-430.

［2］Apurv T, Sivapalan M, Cai X. Understanding the Role of Climate Characteristics in Drought Propagation[J]. Water Resources Research,2017,53(11):9304-9329.

［3］Arnold J G, Moriasi D N, Gassman P W, et al. SWAT: Model use, calibration, and validation[J]. Transactions of the Asabe,2012,55:1491-1508.

［4］Barua S, Perera B J C, Ng A W M, et al. Drought forecasting using an aggregated drought index and artificial neural network[J]. Journal of Water and Climate Change,2010,1:193-206.

［5］Beck H E, Wood E F, Pan M, et al. MSWEP V2 Global 3-Hourly 0. 1° precipitation: Methodology and quantitative assessment[J]. Bulletin of the American Meteorological Society,2019,100:473-500.

［6］Bhardwaj K, Shah D, Aadhar S, et al. Propagation of Meteorological to Hydrological Droughts in India[J]. Journal of Geophysical Research. Atmospheres ,2020,125.

［7］Breslow N. A Generalized Kruskal-Walls test for comparing K samples subject to unequal patterns of censorship[J]. Biometrika,1970,57(3):579-594.

［8］Burn D H, Elnur M A H. Detection of hydrologic trends and variability[J]. Journal of Hydrology,2002,255(1):107-122.

［9］Cancelliere A, Mauro G D, Bonaccorso B, et al. Drought forecasting using the Standardized Precipitation Index[J]. Water Resources Management,2007:801-819.

［10］Cruise J F, Limaye A S, AL-ABED N. Assessment of impects of climate change on water quality in the sourtheastern United States[J]. Journal of the American Water Resources Association,1999,35:1539-1550.

［11］Deslauriers R, Evans D J, Leach S J, et al. Conformation of cyclo(L-alanylglycyl-. epsilon. -aminocaproyl), a cyclized dipeptide model for a. beta. bend. 2. Synthesis, nuclear magnetic resonance, and circular dichroism measurements[J]. Macromolecules,2002,14.

［12］Dongdong P, Tianjun Z. Why was the arid and semiarid northwest China getting wetter in the recent decades? [J]. Journal of Geophysical Research: Atmospheres,2017,122.

［13］Edossa D C, Babel M S, Gupta A D. Drought Analysis in the Awash River Basin, Ethiopia[J]. Water Resources Management,2010,24:339-347.

［14］Fvla, Jvhmh, Jvlha. Evaluation of drought propagation in an ensemble mean of large-scale hydrological models[J]. Hydrology and Earth System Sciences,2012,16.

[15] González-dugo M P, Moran M S, Mateos L, et al. Canopy temperature variability as an indicator of crop water stress severity[J]. Irrigation Science,2006,24.

[16] Gu L, Chen J, Yin J, et al. Drought hazard transferability from meteorological to hydrological propagation[J]. Journal of Hydrology,2020,585:274-281.

[17] Hagman G, Beer H, Bendz M. Prevention better than cure. Report on Human and Environmental Disasters in the Third World. 1984.

[18] Han Z, Huang S, Huang Q, et al. Propagation dynamics from meteorological to groundwater drought and their possible influence factors[J]. Journal of Hydrology,2019,578:246-253.

[19] Herrera-Estrada J E, Satoh Y, Sheffield J. Spatiotemporal dynamics of global drought[J]. Geophysical Research Letters,2017,44.

[20] Hu Q, Feng S. Amo-and ENSO-Driven Summertime Circulation and Precipitation Variations in North America[J]. Journal of Climate,2012,25:6477-6495.

[21] Kebede A, Raju J P, Korecha D, et al. Drought sensitivity characteristics and relationships between drought indices over Upper Blue Nile basin[J]. Journal of Water and Land Development,2019,43:436-448.

[22] Kimaru A N, Gathenya J M, Cheruiyot C K. The Temporal Variability of Rainfall and Streamflow into Lake Nakuru, Kenya, Assessed Using SWAT and Hydrometeorological Indices[J]. Hydrology,2019,6:253-262.

[23] Kogan F N. Application of vegetation index and brightness temperature for drought detection[J]. Advances in Space Research,1995,15:91-100.

[24] Kogan F N. Droughts of the late 1980s in the United States as derived from NOAA polar-orbiting satellite data[J]. Bulletin of the American Meteorological Society,1995,76:655-668.

[25] Kwon H-J, Kim S-J. Assessment of Distributed Hydrological Drought Based on Hydrological Unit Map Using SWSI Drought Index in South Korea[J]. KSCE journal of civil engineering,2010,14.

[26] Liang L, Zhao S, Qin Z, et al. Drought Change Trend Using MODIS TVDI and Its Relationship with Climate Factors in China from 2001 to 2010[J]. Journal of Integrative Agriculture,2014,13:1501-1508.

[27] Li B, Chen Y, Chen Z, et al. Why does precipitation in northwest China show a significant increasing trend from 1960 to 2010? [J] Atmospheric Research,2016,167.

[28] Li Q, He P, He Y, et al. Investigation to the relation between meteorological drought and hydrological drought in the upper Shaying River Basin using wavelet analysis[J]. Atmospheric Research,2020,234:436-445.

[29] Lin Z, Aifeng L, Jianjun W, et al. Impact of meteorological droughy on streamflow

drought in Jinghe River bain of China[J]. Chinese Geographical Science,2014,24:694-705.

[30] Liu L, Hong Y, Bednarczyk C N, et al. Hydro-Climatological Drought Analyses and Projections Using Meteorological and Hydrological Drought Indices: A Case Study in Blue River Basin, Oklahoma[J]. Water Resources Management,2012,26.

[31] Lorenao-lacruz J, Vicente-serrano S M, López-Mmoreno J I, et al. The impact of droughts and water management on various hydrological systems in the headwaters of the Tagus River (central Spain)[J]. Journal of Hydrology,2010,386:13-26.

[32] Lü A, Zhu W, Jia S. Assessment of the sensitivity of vegetation to El-Niño/Southern Oscillation events over China[J]. Advances in Space Research,2012,50:1362-1373.

[33] Lweendo M K, Lu B, Wang M, et al. Characterization of Droughts in Humid Subtropical Region, Upper Kafue River Basin (Southern Africa)[J]. Water,2017,9:227-236.

[34] Manatsa D, Chingombe W, Matsikwa H, et al. The superior influence of Darwin Sea level pressure anomalies over ENSO as a simple drought predictor for Southern Africa[J]. Theoretical and Applied Climatology,2008,92:1-14.

[35] McKee T B, Doesken N J, Kleist J. The relationship of drought frequency and duration to time scales. 1993.

[36] Mehran A, Mazdiyasni O, Aghakouchak A. A hybrid framework for assessing socioeconomic drought: Linking climate variability, local resilience, and demand[J]. Journal of Geophysical Research: Atmospheres,2015,120.

[37] Mendicino G, Senatore A, Versace P. A Groundwater Resource Index (GRI) for drought monitoring and forecasting in a mediterranean climate[J]. Journal of Hydrology,2018,357.

[38] Meixiu Y, Xiaolong L, Qiongfang L. Responses of meteorological drought-hydrological drought propagation to watershed scales in the upper Huaihe River basin, China[J]. Environmental science and pollution research international,2020,27.

[39] Meng X, Wang H, Shi C, et al. Establishment and evaluation of the China Meteorological Assimilation Driving Datasets for the SWAT Model (CMADS)[J]. Water, 2018,10.

[40] Mishra A K, Singh V P. A review of drought concepts[J]. Journal of Hydrology,391:202-216.

[41] Mishra V, Cherkauer K A. Retrospective droughts in the crop growing season:Implications to corn and soybean yield in the Midwestern United States[J]. Agricultural and Forest Meteorology,2010,150(7):1030-1045.

[42] M V-S S,S B,J [-M]I. A multiscalar drought index sensitive to global warming:the standardized precipitation evapotranspiration index [J]. Journal of Climate,2010,23:1696-1718.

[43] Moran M S, Clarke T R, Y Y I, et al. Estimating crop water deficit using the relation between surface-air temperature and spectral vegetation index[J]. Elsevier,1994,49:246-263.

[44] Moriasi D N, Arnold J G, Van Liew M W, et al. Model evaluation guidelines for systematic quantification of accuracy in watershed simulations[J]. Transactions of the ASABE, 2007,50:885-900.

[45] Musie M, Sen S, Srivastava P. Comparison and evaluation of gridded precipitation datasets for streamflow simulation in data scarce watersheds of Ethiopia[J]. Journal of Hydrology, 2019,579.

[46] Mckee T B, Doesken N J, Kleist J. The relationship of drought frequency and duration to time scales[C]//American Meteorological Society. 1993:179-184.

[47] Nguyen P L, Min S K, Kim Y H. Combined impacts of the El Niño - Southern Oscillation and Pacific Decadal Oscillation on global droughts assessed using the standardized precipitation evapotranspiration index[J]. International Journal of Climatology,2021,41.

[48] Narasimhan B, Srinivasan R. Development and evaluation of Soil Moisture Deficit Index (SMDI) and Evapotranspiration Deficit Index (ETDI) for agricultural drought monitoring [J]. Agricultural and Forest Meteorology,2005,133.

[49] Nicolai-Shaw N, Zscheischler J, Hirschi M, et al. A drought event composite analysis using satellite remote-sensing based soil moisture[J]. Remote Sensing of Environment, 2017,203.

[50] Nyeko M. Hydrologic modelling of data scarce basin with SWAT model: Capabilities and limitations[J]. Water Resources Management,2014,29:81-94.

[51] Ohisson L. Water conflicts and social resource scarcity[J]. Physics and Chemistry of the Earth, Part B: Hydrology, Oceans and Atmosphere,2000,25.

[52] Palmer W C. Meteorological drought, Research Paper No. 45 [M]. US Weather Bureau; Washing DC,1965.

[53] Palmer W C. Keeping Track of Crop Moisture Conditions, Nationwide: The New Crop Moisture Index[J]. Taylor & Francis Group,2010,21.

[54] Palmer T N, MANSFIELD D A. Response of two atmospheric general circulation models to sea-surface temperature anomalies in the tropical East and West Pacific[J]. Nature (London),1984,310:483-485.

[55] Palmer, W C. Meteorological drought[R]. U.S. : U. S. Weather Bureau Res,1965.

[56] Pettitt A N. A non-parametric approach to the change-point problem. Journal of the Royal Statistical Society[J]. Series C (Applied Statistics),1979,28:126-135.

[57] Qin Y, Yang D, Lei H, et al. Comparative analysis of drought based on precipitation and soil moisture indices in Haihe basin of North China during the period of 1960—2010[J].

Journal of Hydrology,2015,526.

[58] Santos J F, Portela M M, Pulido-Calvo I. Spring drought prediction based on winter NAO and global SST in Portugal[J]. Hydrological Processes,2014,3:1009-1024.

[59] Shi H, Chen J, Wang K, et al. A new method and a new index for identifying socioeconomic drought events under climate change: A case study of the East River basin in China[J]. Science of the Total Environment,2018,616-617.

[60] Shukla S, Wood A W. Use of a standardized runoff index for characterizing hydrologic drought[J]. Geophysical Research Letters,2008,35(2): 2405-1-2405-7.

[61] Shukla S, Wood A W. Use of a standardized runoff index for characterizing hydrologic drought[J]. Geophysical Research Letters,2008,35.

[62] Silleos N G, Alexandridis T K, Gitas I Z, et al. Vegetation Indices: Advances Made in Biomass Estimation and Vegetation Monitoring in the Last 30 Years[J]. Geocarto International,2006,21.

[63] Shao D, Chen S, Tan X, et al. Drought characteristics over China during 1980—2015 [J]. International Journal of Climatology,2018,38:3532-3545.

[64] Singh R M, Shukla P. Drought Characterization Using Drought Indices and El Niño Effects [J]. National Academy Science Letters,2020,43:339-342.

[65] Sun P, Zhang Q, Cheng C, et al. ENSO-induced drought hazards and wet spells and related agricultural losses across Anhui province, China[J]. Natural Hazards,2017,89:963-983.

[66] Tallaksen L M, Van Lanen H A J. Hydrological drought:processes and estimation methods for streamflow and groundwater[J]. Developments in Water Science,2004,48.

[67] Tefera A S, Ayoade J O, Bello N J. Analyses of the relationship between drought occurrences and their causal factors in Tigray Region, Northern Ethiopia[J]. Tellus. Series A, Dynamic meteorology and oceanography,2020,72:1-18.

[68] Vicente-Serrano S M, Beguería S, López-Moreno J I. A Multiscalar Drought Index Sensitive to Global Warming: The Standardized Precipitation Evapotranspiration Index[J]. Journal of Climate,2010,23:1696-1718.

[69] Vicente-Serrano S M, López-Moreno J I, BEGUERíA S, et al. Accurate Computation of a Streamflow Drought Index[J]. Journal of Hydrologic Engineering,2012,17.

[70] V Y. An objective approach to definitions and investigations of continental hydrologic droughts: Vujica Yevjevich: Fort Collins, Colorado State University[J]. Journal of Hydrology,1969,7:23.

[71] Wang G, Barber M E, Chen S, et al. SWAT modeling with uncertainty and cluster analyses of tillage impacts on hydrological processes[J]. Stochastic Environmental Research and Risk Assessment,2013,28:225-238.

［72］Wang G, Jagadamma S, Mayes M A, et al. Microbial dormancy improves development and experimental validation of ecosystem model［J］. ISME J,2015,9:226-237.

［73］Wang G, Jager H I, Baskaran L M, et al. Hydrologic and water quality responses to biomass production in the Tennessee river basin［J］. GCB Bioenergy,2018,10:877-893.

［74］Wang L, Chen W. A CMIP5 multimodel projection of future temperature, precipitation, and climatological drought in China［J］. International Journal of Climatology,2014,34.

［75］Wilhite D A. Drought: A Global Assessment. Natural Hazards and Disasters Series［J］, 2000.

［76］Wilhite D A, Glantz M H. 1985. Understanding the drought phenomenon: the role of definitions［J］. Water International,1985,110-120.

［77］Wilhite D A, Easterling W E. Planning for Drought: Toward a Reduction of Societal Vulnerability Boulder［M］. Westview Press, 1987.

［78］Xu Y, Zhang X, Wang X, et al. Propagation from meteorological drought to hydrological drought under the impact of human activities. A case study in northern China［J］. Journal of Hydrology,2019,579:268-274.

［79］Yang Y, Mcvicar T R, Donohue R J, et al. Lags in hydrologic recovery following an extreme drought: Assessing the roles of climate and catchment characteristics［J］. Water Resources Research,2017,53.

［80］Zargar A, Sadiq R, Naser B, et al. A review of drought indices［J］. Environmental Reviews,2011,19:333-349.

［81］Zeng X, Zhao N, Sun H, et al. Changes and Relationships of Climatic and Hydrological Droughts in the Jialing River Basin, China［J］. PLOS ONE,2015,10:13-17.

［82］Zhang R, Yu Y, Song Z, et al. A review of progress in coupled ocean-atmosphere model developments for ENSO studies in China［J］. Journal of Oceanology and Limnology,2020, 38:930-961.

［83］Zhang X, She D, Deng C, et al. Attribution Analysis of Runoff Variation in Jinghe River Basin with Environmental Change (in Chinese)［J］. Journal of China Three Gorges University (Natural Sciences),2020,42:1-5.

［84］Zhou L, Wang S, Du M, et al. The Influence of ENSO and MJO on Drought in Different Ecological Geographic Regions in China［J］. Remote Sensing,2021,13:875.

［85］曹永强,路洁.国内外气象干旱研究现状与前沿分析［J］.中国防汛抗旱,2021,31:1-7.

［86］曾碧球,解河海,查大伟.基于 SPI 和 SRI 的马别河流域气象与水文干旱相关性分析 ［J］.湖北农业科学,2020,59:40-44.

［87］陈方藻,刘江,李茂松.60 年来中国农业干旱时空演替规律研究［J］.西南师范大学学报(自然科学版),2011,4:111-114.

［88］陈国茜,祝存兄,李林,等.青海高寒草地区曲麻莱县遥感干旱指数的适用性研究

[J].干旱气象,2018,36:905-910.

[89] 陈文华,徐娟,李双成.怒江流域下游地区气象与水文干旱特征研究[J].北京大学学报(自然科学版),2019,55:764-772.

[90] 程建忠,陆志翔,邹松兵,等.黑河干流上中游径流变化及其原因分析[J].冰川冻土,2017,39:123-129.

[91] 崔修来,孙瑶,王东.干旱监测预报研究综述[J].南方农业,2019,13:151-152.

[92] 董林垚,陈建耀,付丛生,等.西江流域径流与气象要素多时间尺度关联性研究[J].地理科学,2013,33:209-215.

[93] 董前进,谢平.水文干旱研究进展[J].水文,2014,34:1-7.

[94] 多普增.三种气象干旱指数在青海省东部农业区的适用性分析[D].咸阳:西北农林科技大学,2017.

[95] 范嘉智,谭诗琪,王丹,等.气候条件对气象干旱与农业干旱耦合关系的影响[J].中国农学通报,2020,36:83-92.

[96] 冯平,朱元甡,杨鹏.径流调节下的水文干旱识别[J].自然科学进展,1999:82-87.

[97] 甘小莉,郝玉培,翟永洪,等.巴音河流域植被与水文动态变化研究[J].水土保持研究,2014,21:323-326.

[98] 耿鸿江,干旱定义述评[J].灾害学,1993(1):19-22.

[99] 郭生练,熊立华,杨井,等.基于DEM的分布式流域水文物理模型[J].武汉水利电力大学学报,2000:1-5.

[100] 何福力,胡彩虹,王纪军,等.基于标准化降水、径流指数的黄河流域近50年气象水文干旱演变分析[J].地理与地理信息科学,2015,31:69-75.

[101] 胡彩虹,王金星,王艺璇,等.水文干旱指标研究进展综述[J].人民长江,2013,7:11-15.

[102] 江笑薇,白建军,刘宪峰.基于多源信息的综合干旱监测研究进展与展望[J].地球科学进展,2019,34:275-287.

[103] 蒋桂芹.干旱驱动机制与评估方法研究[D].北京:中国水利水电科学研究院,2013.

[104] 蒋忆文,张喜风,杨礼箫,等.黑河上游气象与水文干旱指数时空变化特征对比分析[J].资源科学,2014,36:1842-1851.

[105] 黎小燕,吴志勇,陆桂华.三种干旱指数在西南地区的应用及相关性分析[J].水电能源科学,2014,32:1-5.

[106] 李计生,胡兴林,黄维东,等.河西走廊疏勒河流域出山径流变化规律及趋势预测[J].冰川冻土,2015,37:803-810.

[107] 李运刚,何娇楠,李雪.基于SPEI和SDI指数的云南红河流域气象水文干旱演变分析[J].地理科学进展,2016,35:758-767.

[108] 马苗苗,张学君,吕娟,等,旱情预报技术进展与展望[J].中国防汛抗旱,2021,31:58-63.

[109] 马岚.气象干旱向水文干旱传播的动态变化及其驱动力研究[D].西安:西安理工大学,2019.

[110] 裴源生,蒋桂芹,翟家齐.干旱演变驱动机制理论框架及其关键问题[J].水科学进展,2013,24:449-456.

[111] 芮孝芳.水文学原理[M].北京:中国水利水电出版社,2004.

[112] 邵进,李毅,宋松柏.标准化径流指数计算的新方法及其应用[J].自然灾害学报,2014,23:79-87.

[113] 邵明阳.澜沧江流域干旱特征与海温异常关联性研究[D].南京:南京信息工程大学,2014.

[114] 司瑶冰,高涛,李海英,等.内蒙古春季干旱年和多雨年的大气环流特征对比研究[J].干旱区资源与环境,2014,28:82-87.

[115] 沈冰,黄领梅,李怀恩.水文模拟研究评述[J].西安理工大学学报,2004:351-355.

[116] 施雅风,沈永平,胡汝骥.西北气候由暖干向暖湿转型的信号、影响和前景初步探讨[J].冰川冻土,2002:219-226.

[117] 施雅风,沈永平,李栋梁,等.中国西北气候由暖干向暖湿转型的特征和趋势探讨[J].第四纪研究,2003:152-164.

[118] 宋晓猛,孔凡哲,占车生,等.基于统计理论方法的水文模型参数敏感性分析[J].水科学进展,2012,23:642-649.

[119] 孙洋洋.渭河流域气象与水文干旱时空演变特征[D].咸阳:西北农林科技大学,2018.

[120] 王春林,吴举开,黄珍珠,等.广东干旱逐日动态监测模型及其应用[J].自然灾害学报,2007:36-42.

[121] 王劲松,黄玉霞,冯建英,等.径流量Z指数与Palmer指数对河西干旱的监测[J].应用气象学报,2019,20:471-477.

[122] 王劲松,李耀辉,王润元,等.我国气象干旱研究进展评述[J].干旱气象,2012,30:497-508.

[123] 王文,蔡晓军.长江中下游地区干旱变化特征分析[J].高原气象,2010,6:1587-1593.

[124] 王文,段莹.2011年长江中下游冬春连旱期土壤的湿度变化[J].干旱气象,2012,30:305-314.

[125] 王雨晴,张成福,李晓鸿,等.干旱监测方法对农作物适用性研究综述进展[J].绿色科技,2019:17-20.

[126] 文广超,王文科,段磊,等.基于水化学和稳定同位素定量评价巴音河流域地表水与地下水转化关系[J].干旱区地理,2018,41:734-743.

[127] 文广超,王文科,段磊,等.青海柴达木盆地巴音河上游径流量对气候变化和人类活动的响应[J].冰川冻土,2018,40:136-144.

[128] 武建军,刘晓晨,刘明.黄淮海地区干湿状况的时空分异研究[J].中国人口资源环境,2011,2:100-105.

[129] 吴杰峰,陈兴伟,高路.水文干旱对气象干旱的响应及其临界条件[J].灾害学,2017,32:199-204.

[130] 吴杰峰,陈兴伟,高路,等.基于标准化径流指数的区域水文干旱指数构建与识别[J].山地学报,2016,34:282-289.

[131] 吴志勇,陆桂华,郭红丽,等.基于模拟土壤含水量的干旱监测技术[J].河海大学学报(自然科学版),2012,40:28-32.

[132] 孙鹏,张强,涂新军,等.基于马尔科夫链模型的鄱阳湖流域水文气象干旱研究[J].湖泊科学,2015,27:1177-1186.

[133] 汪洋,雷添杰,程慧,等.干旱类型转化机理及预警体系框架研究[J].水利水电技术,2020,51:38-46.

[134] 王芝兰,周甘霖,张宇,等.美国干旱监测预测业务发展及其科学挑战[J].干旱气象,2019,37:183-197.

[135] 席佳.气候变化对澜湄流域气象水文干旱时空特性的影响研究[D].大连:大连理工大学,2021.

[136] 许凯.我国干旱变化规律及典型引黄灌区干旱预报方法研究[D].北京:清华大学,2015.

[137] 徐金鸿,徐瑞松,夏斌,等.土壤遥感监测研究进展[J].水土保持研究,2006:17-20.

[138] 许继军,杨大文,刘志雨,等.基于分布式水文模型的长江上游水资源时空变异性分析[J].水文,2007:10-15,28.

[139] 严应存,校瑞香,肖建设,等.青海省巴音河流域 LUCC 遥感调查及驱动分析[J].中国沙漠,2012,32:276-283.

[140] 于晓彤.子牙河流域气象干旱特征及对水文干旱的影响[D].北京:中国地质大学,2018.

[141] 张海荣,周建中,曾小凡,等.金沙江流域降水和径流时空演变的非一致性分析[J].水文,2015,35:90-96.

[142] 张建龙,王龙,杨蕊,等.南盘江流域水文干旱对气象干旱的响应特征[J].南水北调与水利科技,2014,12:29-32.

[143] 张金存,芮孝芳.分布式水文模型构建理论与方法述评[J].水科学进展,2007:286-292.

[144] 张俊,陈桂亚,杨文发.国内外干旱研究进展综述[J].人民长江,2011,42:65-69.

[145] 张强,高歌.我国近50年旱涝灾害时空变化及监测预警服务[J].科技导报,2004:21-24.

[146] 章诞武,丛振涛,倪广恒.基于中国气象资料的趋势检验方法对比分析[J].水科学进展,2013,24:490-496.

[147] 张景书.干旱的定义及其逻辑分析[J].干旱地区农业研究,1993,97-100.

[148] 张乐园,王弋,陈亚宁.基于 SPEI 指数的中亚地区干旱时空分布特征[J].干旱区研究,2020,37:331-340.

[149] 张强,张良,崔显成,等.干旱监测与评价技术的发展及其科学挑战[J].地球科学进展,2011,26:763-778.

[150] 张世虎,王一峰,侯勤正,等.青海省干旱指数时空变化特征与气候指数的关系[J].草业科学,2015,32:1980-1987.

[151] 赵丽,冯宝平,张书花.国内外干旱及干旱指标研究进展[J].江苏农业科学,2012,40:345-348.

[152] 郑越馨,吴燕锋,潘小宁,等.三江平原气象水文干旱演变特征[J].水土保持研究,2019,26:177-184,189.

[153] 周洪奎,武建军,李小涵,等.基于同化数据的标准化土壤湿度指数监测农业干旱的适宜性研究[J].生态学报,2019,39:2191-2202.